RECHERCHES

SUR

LA FLORE PÉLAGIQUE

(PHYTOPLANKTON)

DE L'ÉTANG DE THAU

Travail de l'Institut de Botanique de l'Université de Montpellier
ET DE LA STATION ZOOLOGIQUE DE CETTE
Publié sous la Direction de
M. A. SABATIER
Correspondant de l'Institut

M. Ch. FLAHAULT
DIRECTEUR DE L'INSTITUT DE BOTANIQUE

M. O. DUBOSCQ
DIRECTEUR DE LA STATION ZOOLOGIQUE

SÉRIE MIXTE — MÉMOIRE N° 2

RECHERCHES

SUR

LA FLORE PÉLAGIQUE

(PHYTOPLANKTON)

DE L'ÉTANG DE THAU

PAR

Jules PAVILLARD

PROFESSEUR AU LYCÉE DE MONTPELLIER
CHARGÉ D'UN COURS COMPLÉMENTAIRE DE BOTANIQUE A LA FACULTÉ DES SCIENCES
DE MONTPELLIER

MONTPELLIER
IMPRIMERIE GUSTAVE FIRMIN, MONTANE ET SICARDI
Rue Ferdinand-Fabre et quai du Verdanson

1905

RECHERCHES

SUR

LA FLORE PÉLAGIQUE

(PHYTOPLANKTON)

DE L'ÉTANG DE THAU

INTRODUCTION

L'idée première de ce travail m'a été suggérée par les entraînantes leçons professées pendant l'hiver 1899-1900 par M. Ch. FLAHAULT sur la biologie des Végétaux inférieurs. Dans la suite, j'ai toujours trouvé un précieux encouragement dans son ardeur communicative, sa bienveillance éclairée, son assistance infatigable. Les difficultés inévitables de l'orientation dans un domaine nouveau, presque inexploré, ont été aussi largement atténuées par les ressources de son érudition et les richesses de sa bibliothèque particulière, où j'ai pu prendre connaissance de tant d'œuvres magistrales dues à LEMMERMANN, H. PÉRAGALLO, GRAN, OSTENFELD, WESENBERG-LUND, VOLK, MAGNIN, C. SCHROETER et ses nombreux élèves, etc. Qu'il me soit permis de lui présenter ici l'expression de ma profonde gratitude et de ma respectueuse reconnaissance.

***

Les études de Biologie marine ne sont guère en honneur en France. L'Océanographie elle-même, en dépit de son importance pratique et du zèle passionné de quelques enthousiastes, THOULET, BÉNARD, HAUTREUX, est presque aussi délaissée, et éprouve quelque peine à conquérir la bienveillance officielle, dans ce pays qui, suivant une parole autorisée (1), « aurait dû, avant tout autre, lui être favorable, car elle regarde à la fois le mouvement philosophique et le progrès matériel ».

Sans doute, on ne peut qu'applaudir aux efforts dépensés par le Comité consultatif des Pêches maritimes pour résoudre administrativement le problème économique de la Sardine ; mais n'est-il pas humiliant de voir le nom de la France toujours écarté de ce vaste concert international qui réunit, depuis quelques années, dans une émulation féconde, la plupart des puissances maritimes de l'Europe occidentale et septentrionale, dévouées à l'exécution d'un plan harmonique d'explorations et de recherches, dont le succès prochain permettra de dresser l'inventaire méthodique et d'organiser l'exploitation rationnelle des inépuisables richesses de l'Océan ?

Isolé et sans moyens d'action, je ne pouvais songer à entreprendre une tâche de cette nature ; mais, depuis longtemps, j'avais été séduit par l'impressionnante généralité et la haute valeur philosophique des résultats obtenus à l'étranger dans l'exploration biologique des eaux douces, fleuves et lacs, sans outillage compliqué, avec les seules ressources des procédés techniques les plus élémentaires.

Dès lors, mon but était fixé : appliquer à l'investigation biologique de la mer, dans une aire assez restreinte, les procédés et méthodes si avantageusement éprouvés dans l'étude des lacs, et retirer, si possible, de cette première série de recherches, quelques enseignements d'une portée plus générale, susceptibles de servir d'amorce à des recherches ultérieures plus étendues.

L'étang de Thau, petite mer intérieure, aux proportions d'un lac modeste, s'imposait comme premier champ d'expérience par sa proximité, ses remarquables particularités hydrographiques, et par les commodités spéciales de la Station zoologique de Cette, édifiée sur sa berge.

Les pages qui vont suivre sont consacrées à la description de ce domaine élémentaire, à l'exposé de mes recherches, à l'analyse de

(1) ALBERT, prince de Monaco, *in Science au XXe siècle*, 15 février 1905.

leurs résultats. Mais, avant d'entrer dans le détail, j'ai un agréable devoir de reconnaissance à remplir envers tous ceux, maîtres, amis et collaborateurs, dont la bienveillance et l'appui m'ont été précieux dans l'accomplissement de mon programme.

A M. le doyen SABATIER, l'éminent fondateur de la Station zoologique de Cette, qui m'a accordé l'hospitalité la plus large et la plus généreuse dans cet établissement, dont les multiples ressources ont toujours été à ma disposition ;

A M. le professeur C. SCHROETER, de Zurich, qui m'a fourni avec une bienveillance inappréciable les renseignements les plus circonstanciés sur la technique planktologique et m'a communiqué en outre un lot considérable de brochures spéciales, d'un accès généralement difficile ;

A M. l'ingénieur HERMANN, en résidence à Cette, qui a bien voulu, avec une patience infatigable, me diriger dans l'analyse des documents hydrographiques et météorologiques de son Service, et les compléter par de précieuses observations inédites, suggérées par son expérience personnelle ;

A M. Louis CALVET, sous-directeur de la Station, qui tant de fois a mis à mon service sa compétence technique et ses hautes capacités d'organisation ;

A M. le Directeur du Service Hydrographique de la Marine, qui a bien voulu m'accorder un exemplaire de la nouvelle carte spéciale n° 10.059 de l'étang de Thau ;

A M. Auguste FRAYSSE, préparateur adjoint de Botanique, qui, pendant mon absence, a conduit avec succès plusieurs opérations de pêche sur l'étang ;

A mes fidèles compagnons d'excursions, Barthélemy Marquès, *dit* Tambour, Jean Mollé, Pierre Bado, marins de la Bordigue, dont l'habileté manœuvrière et la connaissance approfondie des choses de l'étang m'ont tant de fois aidé à surmonter diverses difficultés ;

A MM. les professeurs P.-T. CLEVE (Upsal), VANHOEFFEN (Kiel), THOULET (Nancy), Mart. KNUDSEN (Copenhague), Johs. SCHMIDT (Copenhague), V.-H. BLACKMAN (Londres), Hans BACHMANN (Lucerne), WESENBERG-LUND (Copenhague), Eug. DADAY (Buda-Pest) ; à M. le Cte PÉRAGALLO, qui, par l'envoi de leurs travaux et par diverses communications épistolaires, m'ont assisté dans mes recherches ;

J'adresse ici l'expression de ma vive reconnaissance et de ma respectueuse gratitude.

***

Ce travail a été méthodiquement divisé en quatre parties :

La *première* est consacrée à la description générale de l'étang de Thau, considéré au point de vue géographique et physiographique.

Dans la *seconde*, nous jetons un coup d'œil d'ensemble sur la Végétation de ce domaine élémentaire pour établir sommairement sa distribution dans les diverses stations naturelles.

La *troisième* partie, la plus étendue, est exclusivement consacrée au **Phytoplankton**, envisagé successivement dans ses rapports quantitatifs et qualitatifs. Ces deux points de vue distincts permettent de subdiviser la troisième partie en deux sections correspondantes, auxquelles s'en ajoute une troisième affectée à l'énumération systématique des espèces phytopélagiques de l'étang.

Enfin, dans une *quatrième* et dernière partie, nous avons essayé d'apporter une modeste contribution à la connaissance des rapports généraux du Plankton avec la Géographie botanique, par une analyse comparative des procédés d'exposition les plus souvent employés dans les travaux planktologiques.

PREMIÈRE PARTIE

L'ETANG DE THAU

Aperçu géographique et géologique

L'étang de Thau appartient à la nombreuse série des bassins littoraux échelonnés sur toute la bordure du golfe du Lion entre le delta du Rhône et les Pyrénées, et séparés plus ou moins complètement de la mer par un cordon littoral de formation récente.

Situé par 43°23' Lat. N., et 1°15' Long. E. (3°35' E. Greenwich), à 30 km. environ au S.-W. de Montpellier, il en est séparé par les collines calcaires de la Gardiole (236 m.). Orienté du N.-E. au S.-W. sur une longueur de 19 km. environ pour une largeur moyenne de 5 km., il couvre une superficie de 7.200 hectares.

La partie orientale est souvent considérée comme une subdivision distincte sous le nom d'étang des Eaux-Blanches, communiquant avec le grand étang entre les pointes du Barrou et de Balaruc par un détroit large et profond au milieu duquel surgit le rocher de Roquerols. La pointe de Balaruc est une dépendance, une sorte d'appendice de la Gardiole ; la pointe du Barrou, plus basse, plus étalée, se rattache à la montagne de Cette (180 m.), incluse dans le cordon littoral et faisant face à la Gardiole sur le rivage méridional des Eaux-Blanches.

A quelque distance au S.-W., s'élève enfin le massif basaltique d'Agde (115 m.), dont l'existence paraît avoir réagi d'une manière immédiate sur la configuration de l'étang.

La montagne de Cette, qui domine l'étang et sert de point d'appui au cordon littoral, possède une structure géologique identique à celle de la Gardiole. On observe de part et d'autre les mêmes masses compactes de calcaires du Jurassique supérieur à *Terebratula moravica* (faciès tithonique), accompagnés de marnes bleues Helvétiennes à *Ostrea crassissima*. L'isolement actuel de la montagne peut être considéré comme le résultat d'un effondrement local ; le rocher de Roquerols représenterait alors le dernier vestige des terres disparues ; toutefois on ne possède aucun indice permettant d'apprécier la date ou même la réalité de cet événement géologique.

Le rivage occidental qui lui fait face, entre Marseillan et le pied de la Gardiole, correspond sans doute à la lisière continentale à peine modifiée depuis la fin du Pliocène, lorsque la Méditerranée occidentale achevait de prendre ses contours actuels. La composition géologique en est simple et uniforme.

Les sédiments les plus étendus sont le calcaire à *Helix Rebouli* (Tortonien lacustre), et les cailloutis pliocènes, formés surtout d'éléments siliceux, empruntés au Plateau Central ou à la Montagne Noire, et mélangés de cailloux calcaires d'origine locale. Ces cailloutis siliceux sont antérieurs au creusement des vallées fluviales actuelles. Les intervalles sont comblés par les alluvions quaternaires, anciennes et modernes.

Le relief en est assez variable, s'élevant parfois en forme de falaise, comme au pied de la Gardiole (15 m.), vers l'ouest de Mèze (8 m.) et vers Montpenèdre (11 m.), où la base est rongée par les flots quand souffle le *vent marin* (S.-E.). Ailleurs, la saillie est à peu près nulle (salines de Mèze, environs de Marseillan, etc...) et le rivage plus ou moins marécageux et inondé, se laisse envahir par les hautes eaux. Une grève sableuse, très riche en coquilles, marque en différents points la limite normale des eaux de l'étang.

Ce rivage se continuait sans doute vers l'W., bien au-delà de ses limites actuelles, pour se raccorder avec le golfe profond qui recevait entre les collines calcaires de Florensac et le massif basaltique de Saint-Thibéry les eaux de l'Hérault préhistorique. La montagne d'Agde, bien connue des anciens, formait une île isolée, une sorte de môle saillant à quelque distance du littoral. Mais le golfe dut être bientôt comblé par les alluvions du fleuve grandement secondé dans son travail de sédimentation par la présence de ce môle saillant, véritable point d'appui dans une mer peu profonde et sans marées.

Englobée dans la masse des alluvions qui continuaient à déborder, vers l'est d'abord, vers l'ouest ensuite, la montagne d'Agde se trouvait ainsi rattachée au continent par une base de plus en plus élargie. A son tour elle allait devenir l'amorce d'un nouveau rivage, se développant en un cordon littoral presque rectiligne, jalonné vers ses deux extrémités par deux protubérances rocheuses, la montagne d'Agde et la montagne de Cette. Le domaine de l'étang était ainsi délimité.

L'âge du cordon littoral ne peut être déterminé avec précision, mais on sait que les deux fleuves les plus voisins, l'Hérault et le Rhône, ont contribué à son édification, œuvre de longue haleine, qui se poursuit encore de nos jours, ainsi qu'en témoignent les changements survenus dans la période historique.

Le cordon fut d'abord discontinu, représenté par une suite de langues sablonneuses émergées, séparées par des dépressions transversales plus ou moins profondes, les *graus* largement ouverts aux échanges entre la mer et l'étang. Les petits ports du littoral, Marseillan, Mèze, Bouzigues, etc..., fondés avant le IVe siècle, étaient alors en pleine prospérité.

Au XIVe siècle, la montagne de Cette était encore une île véritable, étroitement isolée à l'ouest par un vaste grau, remplacé de nos jours par des salines. Elle se prolongeait vers le N.-E. par un tronçon de cordon littoral limité par un autre *grau*, plus tard obstrué, au niveau de la chaussée moderne de la Peyrade.

Elargi, épaissi, consolidé par des apports nouveaux, par la formation des dunes, par l'établissement de la végétation terrestre, par la construction de digues et de routes, etc..., le cordon littoral s'est peu à peu complété. Vers la fin du XVIe siècle, la plupart des *graus* étaient déjà comblés, et bientôt sans doute, malgré son étendue et sa profondeur, l'étang aurait été réduit à la condition de bassin fermé, ne conservant avec la mer que des relations précaires ou même accidentelles.

Un événement historique provoqué par des sollicitations multiples, survint alors fort à propos pour écarter cette éventualité. La création du port de Cette combinée avec l'exécution du canal du Midi, ouvert dans l'étang, eut pour corollaire immédiat l'établissement d'un canal maritime destiné à rétablir une communication permanente de l'étang avec la mer par une voie navigable d'une assez grande profondeur. Le canal maritime, commencé en 1666, fut achevé en quelques années ; il s'étend au pied de la montagne, presque en droite ligne, sur une longueur de 2 kilomètres environ.

entre l'avant-port maritime de Cette et l'étang (canal de la Bordigue).

Un régime nouveau était dès lors institué dans l'étang, régime artificiel, réclamant une protection incessante, mais dont l'économie générale n'a subi depuis lors que des modifications insignifiantes. A ce régime, les groupes biologiques les plus divers se sont rapidement adaptés, avec une remarquable souplesse. Les enrochements, les murs des quais, les pilotis, etc., ont été bientôt revêtus d'un tapis étroitement serré de formes sédentaires, annélides, mollusques, bryozoaires, spongiaires, algues diverses, etc... Et tous les ans, d'innombrables populations d'organismes migrateurs envahissent l'étang, entrent et sortent périodiquement par les canaux, en dépit des obstacles multiples, de la navigation très active et de la pollution incessante des eaux par les résidus de l'agglomération cettoise.

La profondeur de l'étang, établie par de nombreux sondages, et rapportée au niveau moyen de la Méditerranée, est assez variable suivant les points. Elle mesure 6 mètres environ dans les Eaux Blanches et dans la partie occidentale du grand étang, mais atteint 9 à 10 mètres dans la partie centrale de ce dernier, entre Mèze et Roquerols.

Le rivage se continue presque partout par une sorte de plateau submergé à pente douce, couvert à peine de quelques décimètres d'eau ; il en est ainsi par exemple dans les Eaux Blanches autour du Barrou, dans le grand étang le long du cordon littoral, ou encore dans la crique de l'Angle entre Bouzigues et Balaruc. Puis, la déclivité augmente brusquement et un talus à pente rapide raccorde cette première zone avec le fond proprement dit. Ce dernier paraît se maintenir en état de stabilité permanente, en l'absence presque complète d'apports alluviaux riverains.

Le sol de l'étang se compose de sables et de vases. En quelques points seulement il est plus consistant, formé de roches calcaires ou de cailloutis plus ou moins agglomérés. Les sables sont répandus sur presque toute la bordure ; le grain varie plus ou moins, suivant la nature du terrain encaissant. Généralement très fins, ils sont parfois mélangés de cailloux ou accompagnés de coquilles.

Dans les parties les moins profondes, comme la crique de l'Angle et l'extrémité S.-W. de l'étang, il sont à peu près inhabités ; ailleurs ils portent une flore plus ou moins développée. Les vases grises ou noirâtres, riches en matières organiques, se putréfiant rapidement à l'air, occupent le centre des Eaux Blanches et du grand étang ; dans les fonds de 3 à 7 mètres, elles sont très riches en mollusques bivalves (*Tapes aureus*, *T. petalinus*, etc.). Dans le grand étang, entre Roquerols et la partie centrale, existent un certain nombre de protubérances calcaires d'origine énigmatique, appelées *Tos* par les riverains, et s'élevant jusqu'à 2 ou 3 mètres au-dessous de la surface.

L'étang est occupé par des eaux salées, dont la salure, légèrement variable suivant les stations et les circonstances météorologiques, demeure toujours voisine de celle de la Méditerranée. En dehors des précipitations atmosphériques, peu fréquentes dans notre domaine méditerranéen, l'étang ne reçoit en effet que des apports très faibles en eau douce, provenant surtout de quelques petits cours d'eau, l'Avène, le Pallas, le Valat, etc.

Il existe aussi, entre Balaruc et Bouzigues, une dépression sous-marine en entonnoir irrégulier, large de 200 mètres environ à l'entrée et descendant à 25 mètres de profondeur au centre. C'est la fosse de l'Abysse ou de la Vise, au fond de laquelle jaillit une source d'eau douce (?), probablement très abondante, car son existence se manifeste par une sorte de remous ou de bouillonnement perpétuel de la surface.

On peut encore mentionner la fontaine intermittente d'Embressac ou Enversac, sur la lisière orientale des Eaux Blanches. En automne et hiver, elle fonctionne comme source d'eau douce, se déversant dans l'étang ; mais au printemps la fontaine tarit, et l'eau salée s'engouffre à son tour dans des galeries souterraines.

De nos jours, le grand étang est complètement séparé de la mer par le cordon littoral rehaussé de dunes, de chaussées artificielles, etc..., ou bien occupé par des vignobles, des salines, etc...

Vers la limite méridionale, le sol est demeuré très bas, marécageux, toujours plus ou moins inondé, et l'on peut y reconnaître la trace très nette de trois anciens *graus* (la Quinzième, Saume ou Samos, et le Rieu). Ces *graus* sont facilement envahis par l'étang, les jours de hautes eaux, mais demeurent séparés de la mer par la levée de sables de la plage. Les fortes vagues des tempêtes, seules capables d'en atteindre la lisière supérieure, peuvent s'écouler ensuite sur la déclivité opposée et mélanger ainsi leurs eaux à celles de l'étang.

L'étang des Eaux Blanches communique directement avec la mer par le canal maritime de Cette et par ses dépendances du port intérieur. Les variations incessantes du niveau de la Méditerranée retentissent toujours sur celui de l'étang et provoquent dans les canaux un régime presque ininterrompu de courants alternatifs, souvent très rapides.

A l'angle oriental s'ouvre enfin le Canal des Etangs, qui met les Eaux Blanches en communication constante avec la longue série d'étangs et de marais échelonnés vers le N.-E., au pied de la Gardiole. Les fluctuations de leurs niveaux respectifs déterminent aussi des échanges plus ou moins actifs entre l'eau salée des Eaux Blanches et l'eau plus ou moins saumâtre du canal.

Régime hydrographique

Les indications sommaires de notre aperçu géographique montrent que le régime hydrographique de l'étang demeure en réalité sous la dépendance à peu près exclusive de celui de la Méditerranée. Les tributaires continentaux, sources, rivières, etc., ne jouent dans la circonstance qu'un rôle insignifiant.

La comparaison des deux régimes est grandement facilitée par l'analyse des documents, aussi nombreux que précis (tableaux météorologiques, diagrammes marégraphiques, etc.), accumulés depuis plus d'un demi-siècle par le Service des Ponts et Chaussées.

On sait que dans la Méditerranée le mouvement de la marée est toujours sensible malgré son amplitude réduite, ne dépassant guère 20 centimètres. On y observe aussi de petites oscillations secondaires se répétant plusieurs fois par heure et dont l'origine est encore incertaine ; elles sont peut-être comparables aux seiches des lacs continentaux.

Ces deux catégories de mouvements n'exercent aucune influence notable sur le niveau de l'étang ; tout au plus, dans les temps calmes, sont-ils susceptibles de provoquer le long des canaux du port un système de courants inverses, peu accentués, incapables de réagir sur l'équilibre général de l'étang.

Il en est autrement des variations déterminées par les conditions météorologiques.

On a depuis longtemps observé que le niveau de la Méditerranée est capable d'éprouver sous l'influence des vents et des pressions, des variations autrement importantes que celles du flux et du reflux. Sous l'influence des vents du N.-W. (mistral) si fréquents et si violents dans notre région méditerranéenne, les eaux marines sont refoulées vers le sud. Les hautes pressions qui coïncident généralement avec ces périodes ajoutent leur influence, et, d'une marée à l'autre, les eaux descendent, comme par degrés, sur la côte du golfe du Lion, vers un niveau moyen de plus en plus déprimé.

Réciproquement, les vents du N.-E., de l'E. et du S.-E. (vents marins), soufflant en tempête durant des périodes plus rares et plus courtes (48 heures en moyenne), sont généralement accompagnés d'une dépression barométrique considérable et presque toujours de pluies abondantes ; ils provoquent alors une intumescence très rapide dans la Méditerranée occidentale et ses dépendances, où l'eau peut atteindre des hauteurs exceptionnelles.

L'écart limite des niveaux extrêmes dépasse certainement 1 mètre ; il est donc au moins cinq fois plus fort que l'amplitude moyenne des marées.

Le diagramme ci-joint dans lequel nous avons reproduit quelques fragments simplifiés du tracé marégraphique du Phare Saint-Louis, à l'entrée du port de Cette, fera clairement ressortir quelques-unes de ces fluctuations météorologiques du niveau méditerranéen.

Entre le 14 et le 17 décembre 1903, par exemple, on observe une phase d'ascension rapide pendant laquelle le niveau moyen de la Méditerranée se relève de 35 centimètres en 48 heures. Les renseignements météorologiques correspondants sont consignés dans le tableau suivant :

Tableau

	Baromètre à 3 h. du matin ramené à 0° et au niveau de la mer	Vent à 3 h. du matin (force de 0 à 6) (1)	Pluie tombée depuis la veille mesurée à 9 heures du matin
14 déc. 1903	756. 7	N.-W. 2	6mm
15 —	756. 7	N.-E. 3	»
16 —	751. 1	S. 3	5mm
17 —	753. 1	S.-E. 4	55mm4
18 —	758. 8	N.-W. 1	62mm6

La fin du même mois est marquée par une perturbation atmosphérique encore plus prononcée, et la variation de niveau dépasse 55 cm. en moins de trois jours ; le tableau suivant résume l'état météorologique correspondant :

	Baromètre à 3 h. du matin ramené à 0° et au niveau de la mer	Vent à 3 h. du matin (force de 0 à 6)	Pluie tombée depuis la veille mesurée à 9 heures du matin
29 déc. 1903	756. 9	N. 2	»
30 —	757.	N.-E. 3	35mm5
31 —	749.	E. 5	41mm
1er janv. 1904	754. 7	E. 2	40mm
2 —	761. 5	N.-E. 2	20mm5

(1) Echelle conventionnelle de la force des vents :

0. Calme.
1. Légère brise ; vent faible.
2. Petite brise ; vent modéré.
3. Jolie, bonne brise ; vent assez fort.
4. Bon frais ; vent fort.
5. Grand frais, coup de vent ; vent violent.
6. Tempête ; ouragan.

Examinons maintenant le tracé fourni pendant le même temps par le marégraphe de la Bordigue, inscrivant les variations de niveau à l'autre extrémité du canal maritime, c'est-à-dire à l'entrée de l'étang. Un premier fait saute aux yeux : c'est la course remarquablement régulière de la courbe, contrastant avec l'allure tourmentée du graphique méditerranéen. Ainsi que nous l'avons déjà observé, on ne peut y relever aucune trace de l'influence exercée par les marées et autres oscillations secondaires. La prépondérance des variations météorologiques se manifeste avec d'autant plus d'évidence, grâce à l'ampleur des sinuosités correspondantes.

On reconnaît ainsi que les deux périodes analysées ci-dessus sont marquées par un relèvement rapide du niveau de l'étang, alimenté par l'énorme afflux des eaux marines, par les pluies abondantes et les ruissellements de toute nature qui accompagnent la dépression barométrique. La seconde période est particulièrement remarquable, autant par la rapidité d'ascension, que par la hauteur extraordinaire du niveau supérieur, jamais enregistrée auparavant.

La descente des eaux est généralement moins précipitée, même quand le mistral la favorise, l'étang ne pouvant guère évacuer son trop-plein que par le canal de la Bordigue, et dans une mesure beaucoup plus réduite, par le canal de Frontignan. Une série prolongée de journées similaires peut entraîner cependant un abaissement considérable, comme dans la remarquable période comprise entre le 12 et le 22 décembre 1902 (voir le diagramme), où le niveau baissa de 70 cm. à la mer et de 55 cm. à l'étang, sous l'influence d'une suite presque ininterrompue de vents du N.-W., combinés avec des pressions barométriques très élevées, généralement supérieures à 770 mm.

On se représente sans peine l'importance du rôle que doivent exercer, sur la configuration et la biologie de l'étang, des fluctuations incessantes d'une telle ampleur. Il est rare que le niveau de l'étang coïncide exactement avec celui de la Méditerranée ; les courants provoqués par la dénivellation presque permanente peuvent se faire sentir jusque dans les parties les plus lointaines du grand étang ; ils acquièrent une intensité remarquable dans les Eaux Blanches, et surtout dans les canaux où ils peuvent devenir une entrave sérieuse pour la navigation.

La stagnation prolongée des eaux est donc exceptionnelle et le brassage perpétuel qu'elles subissent tend à maintenir sans cesse l'uniformité des conditions physico-chimiques aux diverses profondeurs.

Il convient encore de tenir compte de l'agitation superficielle déterminée par les vents qui sévissent presque sans répit dans le domaine de l'étang. Sous l'impulsion des rafales de l'E. ou du N.-W., cette agitation se transforme en une houle dure et pénible, composée de vagues courtes et serrées ; un bourrelet d'écume tenace se dépose alors sur la lisière de l'étang ; ébranlées dans toute leur masse, les eaux soulèvent les vases du fond, se troublent et se colorent d'une teinte terreuse, grisâtre, presque opaque.

Les diverses modalités de ce régime hydrographique s'atténuent beaucoup pendant la belle saison. Les brises légères alternant régulièrement matin et soir, n'exercent sur les eaux qu'une action restreinte et l'étang apaisé, clarifié, étincelant, demeure dans un état voisin de la stabilité parfaite, pendant de longues séries de journées estivales.

Conditions physico-chimiques

Les conditions physico-chimiques de l'étang n'ont été jusqu'ici l'objet d'aucun travail d'ensemble. La complexité des problèmes à résoudre, la diversité des capacités requises, la multiplicité des opérations et mesures nécessaires pour autoriser quelques conclusions générales, menacent de retarder encore, et pour longtemps, la connaissance synthétique des relations réciproques qui solidarisent les forces naturelles en activité dans ce domaine restreint. Dans l'impossibilité matérielle d'embrasser une tâche aussi vaste, je me suis efforcé d'instituer une série méthodique d'observations, limitée à quelques-uns des facteurs les plus accessibles, température, transparence, salinité, etc.

Température. — Dès le début de mes opérations planktologiques dans les Eaux Blanches, je me suis attaché à noter la température de l'eau. Les mesures ont été généralement prises avec un thermomètre à mercure très sensible, gradué au 1/5e de degré, la lecture étant faite directement dans l'eau, à 10 centimètres de profondeur environ. J'ai aussi effectué quelques mesures comparatives à divers niveaux, utilisant simplement, en raison de la faible profondeur totale, un thermomètre à maxima et minima ordinaire.

La température du fond, entre 6 et 8 mètres, n'a jamais montré de différence notable avec celle des couches superficielles.

Les résultats de mes mesures sont consignés dans le tableau suivant :

Tableau :

	1903		1904		1905		MOYENNES
	Date	Température	Date	Température	Date	Température	mensuelles
			2	7°5	5	3°7	
			7	6°3			
Janvier	15	5°	14	5°8			5°46
	22	4°6					
	29	5°8	28	4°2	26	6°3	
	5	5°	4	6°6	2	5°2	
Février	12	6°8	11	7°9	9	5°4	6°22
	19	6°5			16	6°1	
			25	7°	23	5°7	
	5	10°2	3	5°5	2	6°5	
	12	9°	10	8°8	9	7°3	
Mars			17	10°5	16	10°5	9°57
	26	12°	24	11°6	24	11°2	
			30	11°8			
			8	12°7			
	14	11°2	11	14°8			
Avril	15	11°8	14	14°6			13°17
	24	11°	21	16°1			
	30	13°2					
			2	16°3			
	8	15°2	5	16°2			
Mai			12	17°4			18°
	21	18°4	19	20°			
	28	20°	26	20°2			
			3	19°5			
	11	20°6	9	21°7			
Juin	18	19°6	16	23°5			21°8
	25	20°6	23	24°5			
			30	24°5			
	2	24°					
			7	25°1			
Juillet	16	23°	14	27°1			25°25
			21	28°3			
	30	22°8	28	26°5			
			8	28°4			
Août	13	24°					25°85
			20	25°2			
	1	22°8					
			10	21°2			
Septembre . . .	17	17°2	15	21°6			19°9
			22	18°6			
			29	18°2			
			5	18°4			
	8	20°	13	13°9			
Octobre	15	18°3	16	14°6			16°33
	22	16°	19	14°8			
	29	15°	27	16°			
			1	14°2			
	4	13°	4	14°8			
	12	12°2	11	13°			
			15	12°9			
Novembre . . .			18	12°5			11°9
			22	11°2			
	26	9°2	25	10°			
			29	8°2			
			1	7°			
	3	6°2	4	8°			
	10	6°3	8	7°7			
			16	6°9			
Décembre . . .			22	7°2			7°23
	25	8°	27	8°1			
			30	6°9			

Les variations subies dans le courant de l'année sont très étendues. Le mois de janvier nous apparaît comme le plus froid, et sa température moyenne (5°46) est notablement inférieure à celle de la Méditerranée, qui ne semble pas descendre au delà de 8° sur le littoral (8°1 le 16 février 1905).

Ces températures sont d'ailleurs de beaucoup inférieures à celles qui ont été déjà observées dans quelques autres points de la Méditerranée occidentale. Pour le golfe de Naples, K. Brandt [**12**] signale un minimum de 13°2 le 21 janvier 1880. Cette dernière valeur est presque identique à celle de 13°9, relevée le 4 février 1903 en un point de la Méditerranée occidentale, situé par 37°7' Lat. N. et 0°10' W. Greenwich, c'est-à-dire en face de Carthagène [Cleve, **42**] (1).

Or, on sait depuis longtemps que la température des eaux profondes de la Méditerranée occidentale, au delà de 350 mètres environ est absolument fixe, égale à 12°7. Il est donc fort probable que pendant l'hiver la température tend à s'uniformiser dans toute l'épaisseur de la masse liquide, pour faire place ensuite à une stratification thermique directe déterminée par le réchauffement estival des eaux superficielles. Quant au golfe du Lion il verrait même s'établir pendant l'hiver, une ébauche de stratification inverse, sous l'influence de conditions locales à peine entrevues jusqu'ici.

Dans l'étang de Thau, la température s'abaisse encore davantage pendant les hivers exceptionnels et peut même descendre au-dessous de 0°. La glace se forme alors sur les bords, dans les zones les moins profondes, comme dans les petits étangs saumâtres de la région. En 1891, le 18 janvier, la congélation fut complète, et l'étang se couvrit de glace sur toute sa surface.

La température s'élève généralement très vite à partir du mois de mars, pour atteindre pendant la période la plus chaude, correspondant aux mois de juillet et d'août une moyenne de 25° dépassant de 1 à 2° la température de la Méditerranée, sur le littoral, à la même époque. Pendant le remarquable été de 1904, où des chaleurs excessives ont régné presque sans répit entre le 10 juillet et le 15 août, la température des eaux de l'étang a nettement

---

(1) Les nombres entre crochets renvoient à l'Index bibliographique annexé à la fin de ce mémoire.

dépassé 28°, tandis que le 27 juillet celle de la Méditerranée atteignait 24°9 en face de la plage de Cette.

La moyenne redescend ensuite très vite pendant la période automnale, de septembre à décembre.

Les chiffres que j'ai obtenus n'ont d'ailleurs qu'une valeur relative, à cause de la trop courte durée des observations. Il suffit, pour s'en rendre compte, de comparer les nombres respectivement obtenus le même mois dans deux années consécutives, en juillet ou en octobre par exemple.

Le rapprochement des chiffres permet également d'établir qu'en dehors de la courbe générale des variations thermiques, il se produit un certain nombre d'oscillations secondaires provoquées par des conditions météorologiques occasionnelles et par les fluctuations du régime hydrographique qui en est solidaire.

Les vents secs et froids du N. et du N.-W. amènent en général un abaissement thermique de 1 à 3°. De même, quand les eaux sont très froides dans l'étang, un afflux abondant des eaux méditerranéennes poussées par les vents marins relève très sensiblement la température. Ainsi en décembre 1903 la température de l'eau qui était de 6°3 environ pendant la première quinzaine se relève momentanément jusqu'à 8° (25 décembre), sous l'influence d'une série presque ininterrompue de tempêtes marines, se succédant du 13 au 24. Un relèvement analogue s'observe entre le 16 et le 27 décembre 1904 sous l'influence d'un apport considérable d'eaux marines plus chaudes dans l'étang déjà très refroidi.

Ce régime thermique présente une concordance intéressante avec celui du bassin d'Arcachon, qui possède, d'après Hautreux [67], une indépendance équivalente à l'égard de l'Atlantique. Là aussi l'échelle des variations thermométriques (minimum 0°, maximum 26°), est beaucoup plus étendue que celle des eaux littorales de l'Océan (minimum 10°, maximum 22°). On peut même comparer les oscillations d'origine météorologique dans l'étang de Thau à celles du bassin d'Arcachon où le flux détermine un relèvement temporaire de 2 à 3° pendant la saison froide.

Ajoutons enfin que la température superficielle n'est probablement pas toujours uniforme dans toute l'étendue de l'étang. Suivant les saisons, les zones côtières les moins profondes peuvent être plus chaudes ou plus froides que les parties centrales. La végétation exerce sans doute aussi une certaine influence. Le 21 juillet

1904, le thermomètre marquait 28°3 au centre des Eaux Blanches alors que la température n'était que de 26° sur le haut-fond occidental, couvert d'une épaisse prairie de Zostères.

Dans tous les cas, les températures extrêmes sont également défavorables à la population animale de l'étang. Poissons et Mollusques entre autres émigrent ou périssent en masse dans les eaux surchauffées de l'été ou dans les eaux glaciales de l'hiver ; les conditions particulières à la flore seront analysées plus loin.

Transparence. — La transparence des eaux dépend, comme on sait, d'un grand nombre de facteurs tels que la couleur, la distribution verticale des températures, la direction et l'intensité de la lumière incidente, la nature et l'abondance des corps en suspension, etc. Appréciée comme elle l'a été le plus souvent par la méthode de visibilité directe à l'aide du *disque de Secchi*, elle est encore subordonnée à l'acuité visuelle de l'opérateur, plus ou moins apte, de par son éducation antérieure, à discerner les objets submergés ; les nombres ainsi obtenus ne peuvent donc avoir qu'une valeur approximative.

Dans l'étang de Thau, la transparence n'est jamais considérable et demeure probablement toujours très inférieure à celle de la Méditerranée. Une cause de réduction très efficace paraît être la présence constante de matières inertes, détritus variés, particules terreuses, etc..., maintenues en suspension par les courants, par l'agitation de l'eau et par le travail des pêcheurs, dragueurs ou autres, dont les engins multiples soulèvent et tamisent sans répit les masses coquillières sableuses ou vaseuses, étalées au fond de l'étang. Ici comme dans les lacs cependant se manifeste avec netteté l'influence exercée sur la transparence par la périodicité quantitative de la population flottante, microflore et microfaune, en suspension dans l'étang.

Les périodes de transparence maxima coïncident avec celles de plus grande stérilité biologique. Lorsque une série assez prolongée de journées calmes permet à l'eau de se clarifier par la chute verticale des matières inertes, tandis que la population flottante (principalement végétale) passe par un minimum, la transparence atteint ses plus hautes valeurs. Le cas s'est trouvé réalisé en février 1903 et en novembre 1904 ; le disque de Secchi demeurait encore très nettement visible alors qu'il avait atteint le fond, par 7 mètres environ, dans les parages de Roquerols.

Toutes les causes qui tendent à troubler l'équilibre et la tranquillité des eaux diminuent la transparence. Le 7 janvier 1904 elle ne dépassait pas 2 m. 80, malgré l'absence presque complète d'organismes flottants, mais en raison de l'abondance des troubles inertes, soulevés ou introduits par les tempêtes marines des jours précédents.

Nous avons déjà signalé l'action puissante du mistral, qui donne à l'étang la couleur grisâtre de la boue délayée ; la navigation étant alors impraticable, il ne m'a pas été possible de me livrer à des observations comparatives pendant ces intempéries, mais il est probable que la transparence ne dépasse pas alors quelques décimètres.

Dans les périodes d'épanouissement biologique maximum, comme en juin-juillet, ou en septembre-octobre, la transparence est réduite et se maintient aux environs de 5 m. 50, même dans les temps les plus calmes, c'est-à-dire lorsque l'on peut négliger l'influence des matières inertes ; le rôle des êtres vivants dans l'interception de la lumière devient alors très manifeste.

Coloration. — La couleur de l'eau n'a jamais été l'objet de recherches méthodiques, mais il est certain qu'elle diffère en tout temps de celle de la Méditerranée, probablement à cause de la proximité et de la nature du fond, de la présence presque constante de particules en suspension, etc. Les quelques essais que j'ai pu faire avec l'échelle colorimétrique de Forel ne m'ont pas donné de résultats satisfaisants.

En général, l'étang présente une teinte glauque, une coloration verdâtre plus ou moins foncée qui tranche sur la couleur bleue des eaux méditerranéennes ; le contraste est particulièrement saillant aux jours de vent marin, déterminant un fort courant d'entrée dont la lisière demeure ainsi perceptible jusqu'à une grande distance dans les Eaux Blanches.

Salinité. — Le défaut de temps et de moyens techniques m'ont empêché d'entreprendre des recherches détaillées sur la composition chimique des eaux de l'étang. Sans doute elle doit s'écarter fort peu de celle de la Méditerranée, pour les raisons de dépendance hydrographique déjà analysées. La richesse relative en gaz dissous et en matières organiques semble toutefois susceptible de présenter des différences assez notables.

Quant à la salinité, l'importance généralement accordée à son rôle biologique m'a paru justifier quelques mesures personnelles.

La salinité de l'eau de mer peut être déterminée par plusieurs procédés dont le plus simple consiste à calculer sa valeur en fonction de la quantité de Chlore contenue dans un poids déterminé d'eau ; le chlore est, en effet, l'élément le plus abondant et aussi le plus commode à doser avec précision.

Pour faciliter mes recherches et les rendre comparables, j'ai obtenu l'envoi d'échantillons-types d'eau de mer titrée (*Standard-water*) que le Laboratoire central de Kristiania a bien voulu mettre généreusement à la disposition des travailleurs.

Cette *eau-étalon* déterminée par des procédés techniques de la plus haute précision [**76**] permet de titrer rigoureusement la solution d'Azotate d'Argent employée pour le dosage du Chlore, harmonisant ainsi les résultats obtenus par différents observateurs.

L'emploi si commode des *Hydrographische Tabellen* de Martin Knudsen fournit immédiatement la salinité et la densité correspondantes de l'échantillon analysé.

La salinité de l'étang peut éprouver des variations assez étendues ; la valeur la plus normale est probablement **36,65** (moyenne de 12 observations) et s'élève rarement au delà de 37 (37,20 le 10 septembre 1904).

Le poids spécifique correspondant calculé à 0° par rapport à l'eau distillée à 4°, donné par les mêmes tables, est égal à 1,02947 Cette valeur présente une concordance remarquable avec le nombre 1,0295 antérieurement obtenu par le docteur Garrigou [**56**] par des procédés tout différents dans l'analyse d'un échantillon d'eau méditerranéenne prise au large du Grau du Roi.

Elle s'écarte aussi très peu des nombres récemment donnés par Cleve [**42**] pour des échantillons recueillis dans la Méditerranée occidentale sous une longitude à peine différente de celle de l'étang, mais dans le voisinage de la côte africaine.

DATE	Latitude N	Longitude E Greenwich	Salinité
5 décembre 1902	37°12′	4°2′	36,94
2 février 1903	37°21′	4°30′	37,56

On sait que la salinité augmente de l'W. à l'E. dans la Méditerranée et probablement aussi du N. au S., au moins dans le bassin occidental.

Dans les temps calmes où les courants d'entrée sont très faibles, la salinité de l'étang diminue sensiblement par suite de l'afflux ininterrompu des eaux douces ; j'ai pu ainsi noter plusieurs fois des salinités de 33 à 34 pour mille en juin-juillet, et même la valeur exceptionnellement basse de 30,73 le 9 février 1905.

DEUXIÈME PARTIE

LA VÉGÉTATION

DISTRIBUTION GÉNÉRALE

Autour de l'étang de Thau, dans le territoire qui sert de cadre immédiat à cette individualité topographique élémentaire, la végétation se répartit en un certain nombre de groupes caractéristiques, différenciés par la nature et les qualités particulières de chacune des stations correspondantes.

Ces diverses stations appartiennent d'ailleurs à la même catégorie, celle des stations littorales où le sel marin exerce encore une action prépondérante.

Ch. FLAHAULT en a donné naguère [51] une description très claire à laquelle sont directement empruntés les détails qui vont suivre.

Nous distinguerons successivement :

I. *Les Dunes et Sables maritimes secs.* — A ce groupe appartient la population végétale du cordon littoral, dans toute sa longueur entre la Peyrade et les Onglous. Cette flore, plus ou moins riche suivant les localités, comprend 160 espèces phanérogamiques environ dont plus de la moitié semblent cantonnées dans cette catégorie de stations. Telles sont :

Clematis Flammula L. v. *maritima.*
Papaver dubium L. v. *Roubiæi.*
Malcolmia littorea R. Br.
Matthiola incana R. Br.
— *sinuata* B. Br.
Sisymbrium nanum DC.
Linaria cirrhosa Willd.
Orobanche cernua Lœfling.
Atriplex hortensis L. v. *microtheca.*
Polygonum maritimum L.
— *Roberti* Lois.
— *littorale* Link.

Alyssum maritimum Lamck.
Cakile maritima Scop. v. *australis*.
Reseda alba L.
Lœflingia hispanica L.
Frankenia laevis L.
— *intermedia* DC.
Malva parviflora L.
Erodium cicutarium L'Hér. v. *pilosa*.
Medicago marina L.
— *littoralis* Rhode.
Eryngium maritimum L.
Daucus maritimus L.
Orlaya maritima L.
Crithmum maritimum L.
Echinophora spinosa L.
Bupleurum glaucum Rob. et Cast.
Crucianella maritima L.
Artemisia gallica Willd.
— *campestris* L. v. *glutinosa*.
Anthemis maritima Cosson.
Anacyclus radiatus Lois.
Diotis maritima Cosson.
Hypochæris salina Gr.
Erythraea grandiflora Biv.
Convolvulus Soldanella L.
Cuscuta Epithymum Murray v. *planiflora*.

Rumex tingitanus L.
Euphorbia Peplis L.
— *Paralias* L.
— *Pithyusa* L.
— *terracina* L.
Asparagus scaber Brign.
Pancratium maritimum L.
Cyperus schœnoides Griseb.
Saccharum Ravennae L.
— *cylindricum* Lamck.
Sporobolus arenarius Duv.-Jouve.
Lagurus ovatus L.
Ammophila arenaria Link.
Kœleria villosa Pers.
Aira articulata L.
Poa maritima Pourret.
— *hemipoa* Lor. et Barr.
— *loliacea* Huds.
Hordeum maritimum L.
Triticum junceum L.
— *acutum* DC.
Vulpia Michelii Reich.
Lepturus incurvatus Tenore.
— *filiformis* Trin.
Ephedra distachya L.

Sur le rivage occidental, la végétation spontanée a généralement disparu, remplacée jusqu'à la lisière de l'étang par des cultures diverses, prairies, vignobles, etc., ou par d'autres modalités de l'exploitation humaine.

II. *Les Sables humides et les eaux saumâtres.* — Les sables humides étalés autour des mares et des étangs s'étendent en ligne continue, de plus en plus élargie vers le S.-W., formant un système de plages basses et marécageuses, exposées aux embruns salés, nourrissant une flore phanérogamique spéciale de plantes en majorité xérophiles et halophiles dont Ch. Flahault énumère environ 80 espèces :

Spergularia marginata Boreau.
Althaea officinalis L.
Polygala exilis DC.
Linum maritimum L.
Trifolium nigrescens Viviani.
— *maritimum* Hudson.

Salicornia Emerici Duv.-Jouve.
Suaeda fruticosa Forskaal.
— *maritima* Dumortier.
Atriplex portulacoides L.
Beta maritima L.
Kochia hirsuta Nolk.

Dorycnium Jordani Lor. et Barr.
Tetragonolobus siliquosus Roth. v. *maritima.*
Lotus decumbens L.
Apium graveolens L.
Galium palustre L.
— *Jordani* Lorr. et Barr.
Scorzonera parviflora Jacq.
Bellis annua L.
Sonchus maritimus L.
Inula crithmoides L.
— *viscosa* L.
Anagallis tenella L.
Erythraea pulchella Fries.
— *spicata* Pers.
— *Centaurium* Lin.
— *maritima* Pers.
Chlora imperfoliata L. fil.
— *serotina* Koch.
Statice echioides L.
— *virgata* Willd.
— *Girardiana* Gussone.
— *bellidifolia* Gouan.
— *Limonium* L. v. *macrocl.* Boiss.
Plantago Cornuti Gouan.
— *crassifolia* Forskaal.
Salicornia macrostachya Moric.
— *fruticosa* L.
— *sarmentosa* Duv.-Jouve.
— *patula* Duv.-Jouve.
Suaeda splendens Gr. et Godr.
Euphorbia pubescens Desf.
Spiranthes aestivalis Rich.
Orchis palustris Jacq.
— *fragrans* Pollini.
Triglochin Barrelieri Lois.
— *palustre* L.
— *maritimum* L.
Juncus acutus L.
— *maritimus* Lamck.
— *anceps* Laharpe.
— *multiflorus* Desf.
— *compressus* Jacq. v. *Gerardi.*
Scirpus maritimus L.
— *Holoschœnus* L.
— — *f. romana.*
Schœnus nigricans L.
Carex distans L.
— *extensa* Good.
— *Œderi* Ehrh.
Spartina versicolor Fabre.
Polypogon maritimum Willd.
Glyceria convoluta Fries.
— — *f. tenuifolia* Boissier.
— *distans* Wahlenberg.
Agrostis alba L.
Sphenopus divaricatus Reich.
Dactylis littoralis Willd.
Hordeum maritimum L.

Dans les mares et les canaux salés ou saumâtres dont la température peut s'élever énormément pendant l'été, le nombre des plantes phanérogames est beaucoup plus restreint. Signalons toutefois, d'après Ch. Flahault :

Ranunculus aquatilis L. v. *Baudotii.*
Potamogeton pectinatus L.
Zannichellia pedicellata Fries.
Althenia Barrandonii Duv. Jouve.
— *filiformis* Petit.
Ruppia maritima L.
— *rostellata* Koch.
Zostera nana Roth.
— *marina* L.
Scirpus maritimus L.

et quelques plantes cryptogames, entre autres plusieurs Characées et diverses Algues, *Rhizoclonium Linum*, et surtout *Enteromorpha intestinalis* qui flotte pendant l'été en masses considérables à la surface des eaux.

La population végétale submergée, la flore aquatique proprement dite de l'étang est beaucoup moins connue et n'a été l'objet d'aucun travail d'ensemble.

Moins variée dans ses modalités biologiques que la faune correspondante, la végétation marine ne comprend que deux termes essentiels auxquels s'appliquent sans ambiguïté les dénominations définitivement consacrées de **Benthos** et **Plankton** (1).

Le *Benthos* (HAECKEL, **65**, p. 19) englobe la totalité des organismes aquatiques caractérisés par un complexe d'exigences écologiques, au premier rang desquelles figure toujours, comme nécessité primordiale, le sol sous-marin ou quelque autre support solide submergé. Son intervention se réduit d'ailleurs très souvent au rôle purement passif de point d'appui mécanique, à l'égard des formes fixées aussi bien que pour les formes libres simplement supportées, immobiles, ou même mobiles et rampantes.

Le *Plankton*, défini pour la première fois par HENSEN [**68**] en 1887, a été l'objet de controverses nombreuses qui en ont peu à peu restreint la valeur et précisé le sens.

Il comprend l'ensemble des organismes dont la vie s'écoule, en totalité ou en partie, au sein même de la masse liquide, où ils demeurent en suspension, simplement abandonnés aux caprices des flots, des vagues et des courants ; on y incorpore aussi les organismes doués d'une mobilité propre insuffisante pour réagir victorieusement contre l'entraînement mécanique des eaux. Le *Phytoplankton* ne comprend ainsi que des organismes submergés obéissant presque passivement aux impulsions du milieu ambiant.

Le **Phyto-benthos** de l'étang de Thau n'a pas encore été étudié dans le détail, mais il est certain qu'il n'est pas très riche, quoique l'étang appartienne par sa situation et sa faible profondeur au *district littoral* abondamment pénétré par la lumière et généralement caractérisé par la diversité et l'exubérance des groupements biologiques établis dans ses nombreuses stations.

L'indigence relative de la flore benthonique de l'étang se retrouve au même degré sur le littoral méditerranéen le plus voisin. Par leur nature de plages ou de fonds sablonneux ou vaseux, ces divers sols

---

(1) La terminologie nouvelle, adoptée dans la géographie biologique, a été exposée par G. PRUVOT dans le vol. II (1896) de l'*Année biologique* de Y. DELAGE.

maritimes n'offrent en effet que des conditions peu favorables à la fixation et au développement des Algues marines, élément fondamental de la flore correspondante. Les récoltes que l'on peut faire demeurent donc très maigres, comparées à l'étonnante richesse des hauts fonds littoraux dont l'individualité minéralogique est plus accusée, comme les côtes rocheuses des Pyrénées-Orientales ou de la Ligurie.

D'autre part, nos connaissances sont encore trop peu avancées pour qu'il soit possible de discerner dans cette végétation marine littorale des échelons multiples comparables à ceux que les limnologistes (Forel, Magnin, Schroeter) ont établi dans la flore lacustre.

Les prairies sous-marines de Zostères, *Zostera marina* L., *Zostera nana* Roth, couvrent en différents points les fonds vaseux de l'étang et des canaux, depuis le bord plus ou moins émergé jusqu'à la profondeur de 2 à 3 mètres environ. Abondamment développées pendant la belle saison, ces plantes dépérissent ou disparaissent plus ou moins complètement en hiver.

La prépondérance numérique appartient aux Algues, mais ces Thallophytes, vertes, brunes ou rouges, ne s'accommodent que rarement d'un fond vaseux. Les quelques espèces qui paraissent fixées sur le fond sableux ou vaseux, *Enteromorpha compressa*, *Acetabularia mediterranea*, *Laurencia obtusa*, *L. pinnatifida*, adhèrent en réalité par leur base à un substratum solide plus consistant, dissimulé dans la vase, fragment de roche, coquille vide, etc.

Les seules stations algologiques moins pauvrement peuplées sont les rochers en place et les enrochements artificiels, murailles et blocs en maçonnerie, les pilotis en bois et même en fer, les végétaux fixés, Zostères, *Cystoseira*, *etc.* Il en est ainsi à l'entrée du canal de la Bordigue et du canal de Frontignan, sur les parties rocheuses du Barrou (la Batterie), autour de Balaruc, de Mèze, etc., où l'on peut récolter :

Ulva Lactuca Wulf.
Enteromorpha compressa Greville.
Chœtomorpha Linum Kutzing.
Cladophora sp. plur.
Gomontia polyrhiza Bornet et Flahault.
Bryopsis plumosa Agardh.
Codium Bursa Agardh.
Acetabularia mediterranea Lamouroux.
Nemalion lubricum Duby.
Gelidium corneum Lamouroux.
Gracilaria confervoides Greville.
Chylocladia kaliformis Greville.
Plocamium coccineum Lyngbye.
Nitophyllum uncinatum J. Agardh.
Laurencia obtusa Lamouroux.
— *pinnatifida* Lamouroux.

Diatomaceae sp. plur.	*Polysiphonia* sp. plur.
Ectocarpus sp. plur.	*Rytiphlœa pinastroides* Agardh.
Punctaria latifolia Greville.	*Callithamnion byssoideum* Arnott.
Scytosiphon lomentarius J. Agardh.	*Antithamnion cruciatum* Naegeli.
Phyllitis fascia Kutzing.	*Ceramium rubrum* Agardh. et sp. plur.
Myrionema vulgare Thuret.	*Grateloupia filicina* Agardh.
Cystoseira barbata Agardh.	*Corallina officinalis* L.
— *discors* Agardh.	— *(Jania) rubens* L.
Dictyota dichotoma Lamouroux.	*Melobesia* sp. plur.
Bangia atropurpurea Agardh.	etc., etc.
Porphyra leucosticta Thuret.	

Cette première liste doit être considérée comme une ébauche provisoire d'autant plus imparfaite que je n'ai pu consacrer à l'exploration algologique du littoral que des moments très limités.

Ulva Lactuca, *Enteromorpha compressa* sont très abondants, surtout entre janvier et juillet dans les parties sableuses les moins profondes, exposées à l'émersion. *Chætomorpha Linum* envahit au printemps les rochers littoraux, les canaux, etc. *Bryopsis plumosa* forme de très belles touffes en janvier sur les rochers du rivage. *Acetabularia mediterranea* devient extrêmement abondant entre septembre et janvier dans les fonds vaseux les moins profonds, comme autour de la pointe du Barrou, etc.

Cystoseira barbata, la plus grande espèce de l'étang, forme des touffes puissantes dépassant 75 cm. de longueur, fixées à des cailloux plus ou moins volumineux dans toutes les parties peu profondes. *Bangia*, *Porphyra*, *Scytosiphon* pullulent entre septembre et avril, couvrant en gazons serrés tous les rochers submersibles ou submergés à faible profondeur.

Chylocladia kaliformis, *Laurencia obtusa* et *L. pinnatifida* abondent au printemps, fructifient vers avril-mai sur les cailloux et enrochements du rivage.

Callithamnion, *Antithamnion*, *Ceramium*, espèces dominantes, forment avec *Polysiphonia sp.* d'innombrables coussinets juxtaposés ou entrelacés sur les supports les plus divers, rochers, pilotis, Zostères, etc.

Corallina demeure localisée sur les rochers submergés les plus exposés au choc des lames. Les *Melobesia* forment des plaques crustacées un peu partout, sur les rochers, les Zostères, etc.

Quant aux Diatomées littorales, elles sont certainement très nombreuses. Diverses espèces ont été signalées par Guinard, Péra-

GALLO, etc., mais elles n'ont été l'objet d'aucun effort monographique, et je les ai, pour le moment, complètement laissées de côté.

CARACTÈRES GÉNÉRAUX DU PLANKTON

Le Plankton de nos étangs n'a jamais été l'objet de recherches systématiques. Tout au plus, dans les listes de Diatomées de GUINARD, H. PÉRAGALLO, etc., trouvons-nous mentionnées quelques espèces, appartenant sans conteste au Plankton, *Asterolampra marylandica*, *Bacteriastrum varians*, *Chaetoceras sp.*, etc. Quelques autres ont été traitées monographiquement par H. PÉRAGALLO dans ses Diatomées de Villefranche, dans sa belle monographie des *Rhizosolenia*, etc.

Sans insister outre mesure sur l'importance pratique et économique de l'étude du Plankton, hautement reconnue et consacrée à l'étranger par l'organisation officielle d'un service international d'explorations et de recherches planktologiques, il nous suffit de songer à la nature exceptionnelle, à l'étrangeté même des conditions de la vie pélagique pour comprendre la séduction exercée sur l'esprit de tant de biologistes par ce nouveau domaine, presque inexploré, où d'innombrables problèmes, des questions multiples sollicitent l'attention et réclament les aptitudes les plus diverses.

Dans ce premier essai, consacré au Phytoplankton de l'étang de Thau, champ de travail restreint mais déjà complexe, j'ai encore été obligé de me limiter, réduisant mes recherches à deux points de vue particuliers, les plus simples et les plus accessibles :

1° L'étude quantitative, élément d'appréciation indispensable à toute spéculation relative à la périodicité des manifestations d'ensemble de la vie pélagique ;

2° L'étude qualitative, plus étroitement systématique, destinée à fournir avant tout des renseignements statistiques et floristiques sur la végétation pélagique, mais complétée, vivifiée, dans la mesure du possible, par les documents relatifs aux modalités biologiques propres à chaque espèce.

TROISIÈME PARTIE

LE PLANKTON

I. — Etude quantitative

L'idée première n'est pas nouvelle, car l'intérêt fondamental de la *productivité* de l'Océan n'a pas plus échappé aux biologistes qu'aux économistes, mais le principe de la recherche scientifique dans ce domaine n'a guère été formulé pour la première fois que par Hensen en 1887 dans un mémoire retentissant, *Ueber die Bestimmung des Plankton's* [**68**].

L'exposé technique, l'historique et la critique du manuel opératoire ont donné lieu dans la suite à une foule de publications dues à Haeckel (1890), Schuett (1892, 1893), Hensen (1895, 1901), Apstein (1896), Amberg (1900), Waldvogel (1900), R. Volk (1901, 1903), Lozeron (1902), H.-H. Gran (1902), Lohmann (1903), Wesenberg-Lund (1904).

La sécurité de la méthode quantitative demeure subordonnée à deux sortes de conditions :

I. *Les procédés de récolte doivent donner des résultats fidèles, complets, sans dénaturer les rapports numériques des diverses espèces.*

A cet égard, on peut considérer la méthode de Hensen fondée sur l'usage des filets de soie à mailles fines (Planktonnetze) comme définitivement condamnée. Le très important mémoire récemment publié par Lohmann, disciple immédiat de l'école de Kiel, est un véritable réquisitoire qui confirme en les aggravant les objections multiples déjà surgies de tous côtés [**90**, p. 8]. On est donc en droit de s'étonner avec R. Volk [**140**, p. 98] des efforts tentés par Lohmann pour justifier encore le « coefficient de filtration » de Hensen, médiocre épave d'un sauvetage désormais impossible.

Les « bouteilles » de divers modèles, préconisées pour recueillir des échantillons d'eau à des profondeurs déterminées, ont en général l'inconvénient d'être d'un maniement délicat et de ne fournir qu'un volume total insuffisant.

Nous pouvons en dire autant de la méthode statistique fondée par Lohmann sur l'examen du contenu de l'appareil filtrant de certaines Appendiculaires (*Oikopleura*, etc.). Ces organismes sont loin d'abonder partout et en toute saison (je ne les ai jamais vus signalés dans l'étang) ; d'autre part, les calculs comparatifs préconisés par l'auteur (*l. c.*, p. 31) comme base d'évaluation sont beaucoup trop aléatoires pour mériter une entière confiance.

Reste la méthode de la *pompe*, suggérée par John Murray, et appliquée pour la première fois en 1897 par C.-A. Kofoid à des recherches quantitatives. Des controverses nombreuses ont été suscitées par l'affectation de cet engin à des recherches planktologiques de précision. La critique des observations présentées par Kofoid (1897), Frenzel (1897), Fuhrmann (1899), Bachmann (1900), Volk (1901), Lozeron (1902), Lohmann (1903), nous paraît conduire à la confirmation des vues récemment émises par Lozeron (**91**, p. 23).

Les différents procédés consistant à faire varier la longueur du tuyau d'aspiration pendant la manœuvre de la pompe pour recueillir une quantité d'eau équivalente à tous les niveaux traversés, ne paraissent pas offrir de garanties suffisantes. Dès lors, « la meilleure manière d'employer la pompe est celle qui consiste à faire des pêches étagées ». Nous y reviendrons un peu plus loin.

II. *Les produits recueillis doivent être dosés ou mesurés avec la plus grande exactitude, dans des conditions assez uniformes pour permettre la comparaison immédiate des résultats.*

La méthode numérique préconisée en 1887 par Hensen, c'est-à-dire le dénombrement de tous les individus de chaque espèce contenus dans un volume déterminé d'eau, mérite de nous arrêter tout d'abord. Elle est la première en date ; de plus, dans sa rigueur mathématique, elle est celle qui donne le plus volontiers l'illusion de la précision absolue, de l'exactitude irréprochable. Développée dans plusieurs mémoires des savants de Kiel (Hensen, 1887, 1893 ; Schuett, 1892 ; Apstein, 1896), elle a été à plusieurs reprises l'objet de modifications plus ou moins étendues proposées par SEDWIG-RAFTER (1892-94-96), WHIPPLE (1893-95), SCHROETER-AMBERG (1900), pour améliorer les moyens de séparation et de dosage ou pour simplifier les procédés de numération eux-mêmes. A l'heure actuelle, malgré l'ingéniosité et la ténacité de quelques-uns de ses défenseurs, la méthode numérique paraît vouée à un effondrement définitif.

Quelque séduisants que puissent paraître en effet les protocoles démesurés, les interminables colonnes hérissées de chiffres énormes, rien ne saurait prévaloir contre l'inexorable éventualité d'erreurs multiples, surgissant à chaque pas, dans les conditions les plus diverses :

1° Incertitude du volume initial ; inégale répartition dans les mélanges ;

2° Fuite des organismes à travers les filtres les plus parfaits ; rétention partielle mais certaine (R. VOLK) de diverses formes par les surfaces filtrantes ;

3° Amplification inévitable des erreurs numériques par emploi de coefficients multiplicateurs.

On ne peut que déplorer avec HAECKEL [**65**, p. 88, 97] le temps et l'activité dépensés à cette ingrate besogne, véritable *Danaidenarbeit*, dont le moindre défaut est de retarder outre mesure la publication des résultats de la grande expédition du « National ». Les critiques de WALDVOGEL [**141**, p. 37 sq.] paraissent irréfutables, et l'on peut se rallier à l'opinion de H.-H. GRAN [**63**, p. 108], qui propose de réserver la méthode numérique à la résolution de problèmes particuliers, tels que l'évolution individuelle d'une espèce déterminée, etc.

Diverses autres méthodes, nécessairement moins rigoureuses, plus grossières, ont pour objet la détermination quantitative du Plankton en bloc, et permettent d'obtenir une expression numérique, en poids ou en volume, de l'ensemble des produits d'une même récolte.

Les dosages en poids donneraient sans doute des notions assez précises, s'il était possible d'effectuer les diverses mesures dans des conditions toujours comparables ; mais on se heurte à des difficultés d'exécution souvent insurmontables, en opérant sur les poids secs, et surtout sur les poids humides, en raison de la diversité des organismes concourants, de l'abondance plus ou moins grande des matières minérales, etc.

Reste le procédé volumétrique ; c'est le plus grossier mais aussi le plus simple et le plus commode, d'une exactitude en somme suffisante pour donner une idée approximative de grandeurs hétérogènes qui ne sauraient être rigoureusement identifiées.

On a recommandé parfois (Kraemer, Kofoid) l'emploi de la *centrifugation* pour obtenir un tassement plus rapide et plus parfait ; cette méthode qui nécessite un outillage un peu spécial aura sans doute quelque peine à entrer dans la pratique courante des laboratoires maritimes.

La sédimentation pure et simple, combinée avec l'usage de la pompe tel que l'a exposé Lozeron (**91**, p. 18), paraît en somme le procédé le plus expéditif et le plus avantageux en ce sens qu'il élimine la majorité des causes d'erreur dont toutes les autres méthodes sont plus ou moins entachées.

J'ai appliqué ce procédé pendant la plus grande partie de l'année 1903, entre janvier et novembre, et je crois devoir résumer brièvement la technique des opérations avant d'en exposer les résultats essentiels.

Le principe est le suivant : recueillir intégralement le Plankton d'un volume déterminé d'eau pris à une profondeur fixe et le laisser déposer dans un récipient calibré où le volume est donné par simple lecture de la graduation.

Pour recueillir l'eau, on peut évidemment utiliser une pompe quelconque. Je me suis toujours servi d'une petite pompe à double effet (1), dite *pompe universelle*, telle qu'on l'emploie dans la manutention des vins, des pétroles, etc. Sous un très faible volume, elle a un débit remarquablement abondant et régulier.

L'eau était aspirée par un tube de caoutchouc renforcé, indéformable, terminé par une sorte de pomme d'arrosoir métallique à larges perforations. L'eau est ensuite mesurée et filtrée dans un vaste entonnoir en zinc soutenu par une armature métallique fixée au plat-bord du bateau.

La partie rétrécie de l'entonnoir est un manchon cylindrique limité par une lisière un peu épaissie autour de laquelle on fixe une

---

(1) Voir *La Nature*, 24 octobre 1885.

double ou triple épaisseur de la gaze de soie employée pour la fabrication des filets (soie à bluter).

On verse chaque fois dans l'entonnoir filtrant le même volume d'eau, 10 litres par exemple, et l'on réitère l'opération tant que la filtration s'effectue sans difficulté. J'ai pu ainsi filtrer 50 et même 70 litres d'eau sur une même gaze, mais le plus souvent le filtre était obstrué après 20 ou 30 litres au maximum.

Quand la filtration est achevée, on lave soigneusement les parois intérieures de l'entonnoir avec de l'eau de mer, préalablement filtrée (1), projetée en jet continu à l'aide d'une pissette ou d'un tube effilé. La gaze est alors détachée de l'entonnoir, entraînant avec elle tout le plankton que l'on sépare ultérieurement par des lavages appropriés ; enfin, on laisse déposer la masse recueillie dans une éprouvette graduée contenant de l'alcool à 60 ou 70°. La sédimentation est généralement achevée en trois ou quatre jours et le volume demeure ensuite invariable.

La plupart de mes pêches quantitatives à l'aide de la pompe ont été effectuées au même endroit, dans les parages du rocher de Roquerols, dans la partie la plus profonde du détroit (8 mètres), en quelque sorte à cheval sur les Eaux Blanches et le grand étang.

En opérant à des profondeurs successives, de plus en plus grandes, 0 m. 20, 2 mètres, 5 mètres, j'espérais obtenir ainsi une représentation assez expressive de la répartition quantitative, envisagée aussi bien dans l'espace (distribution verticale) que dans le temps. Malheureusement, l'analyse microscopique des produits de diverses opérations m'a prouvé qu'elles ne méritaient qu'une confiance restreinte, et qu'il n'était guère possible d'en déduire aucune conclusion sérieuse. En effet, les conditions hydrographiques et économiques de l'étang sont telles que l'eau retient constamment en suspension une quantité de corps étrangers, particules terreuses ou charbonneuses, fibres textiles, etc., suffisante pour obstruer en peu de temps les orifices du filtre et pour fausser complètement par leur adjonction toute lecture quantitative lorsque le Plankton est peu abondant.

Il en est ainsi pendant la majeure partie de l'année. De telles

(1) La direction de la Station zoologique de Cette a bien voulu, sur ma demande, faire établir dans les sous-sols de l'établissement un filtre spécial à grand débit ; qu'il me soit permis de l'en remercier ici respectueusement.

mesures ne peuvent donc avoir leur raison d'être que dans les périodes d'abondance extrême du Plankton. Si les opérations coïncident avec une période de journées calmes, où la majeure partie des troubles inertes est précipitée, la très faible quantité qui demeure est annihilée par la prépondérance énorme du Plankton.

Ces conditions se sont trouvées réalisées au moins deux fois, en juin et en octobre 1903.

Le 11 juin, la température de l'eau étant 20°6, une série de prises d'eau successives à 0 m. 20, 2 mètres, 4 mètres et 6 mètres m'a donné pour ces diverses profondeurs la même quantité de Plankton, **4 cmc. 5** dans 10 litres d'eau, proportion extrêmement élevée, représentant **450 cmc.** de matière vivante microscopique (presque uniquement végétale) par mètre cube d'eau.

Le 8 octobre, la température étant de 20°, une autre série de prises effectuées au même endroit, par 0 m. 20, 2 m., 5 m. et 7 m. de profondeur, m'a encore fourni, après un tassement remarquablement rapide et compact, la quantité constante de **2** cmc. **55** dans 10 litres, c'est-à-dire **255** cmc. par millimètre cube d'eau.

En dehors de ces circonstances exceptionnelles, il m'a paru inutile de poursuivre un genre de recherches aussi aléatoires et je me suis contenté dans la suite d'apprécier directement la richesse approximative des eaux d'après l'abondance relative et la durée de mes pêches qualitatives au filet fin. Je ne pense pas que dans l'occurrence la valeur de ces évaluations subjectives soit de beaucoup inférieure aux résultats fournis par les méthodes de précision.

Les phases de maximum quantitatif sont généralement provoquées, ainsi qu'on l'a souvent observé, par la prolifération luxuriante d'un très petit nombre d'espèces, et souvent d'une seule. Les espèces susceptibles d'atteindre dans nos eaux une prépondérance numérique exceptionnelle sont peu nombreuses, *Chaetoceras curvisetum*, *Ch. Schuetti*, *Ch. Wighamii*, *Rhizosolenia Stolterfothii*, *Rh. imbricata*, *Hemiaulus chinensis*.

En 1903, une importante période d'abondance se manifeste entre le 15 mai et la fin d'août, avec un maximum très élevé vers le 10 juin, caractérisé par la prédominance de *Chaetoceras curvisetum*.

Une seconde phase de maximum se produit encore dans la première quinzaine d'octobre, avec prépondérance presque exclusive de la même espèce.

En 1904, les conditions paraissent un peu plus complexes. Une première phase d'abondance, peu prononcée, s'observe dans le courant d'avril ; elle est déterminée par l'épanouissement temporaire de *Chaetoceras Wighamii* ; une seconde phase, plus accentuée, mais très courte, entre le 20 juin et le 15 juillet, correspond à la prépondérance de *Chaetoceras laciniosum*.

En septembre, dès la première semaine, s'annonce une phase de surproduction, qui se poursuit jusqu'à la fin d'octobre, avec prédominance successive de plusieurs espèces. C'est d'abord *Hemiaulus chinensis* avec *Rhizosolenia Stolterfothii*, jusque vers le 20 septembre ; puis, *Chaetoceras curvisetum*, qui détermine, dans la première quinzaine d'octobre, une courte période d'abondance extraordinaire, tout à fait comparable à celle de l'année précédente.

On peut donc considérer comme normale l'apparition annuelle de deux phases de maximum, l'une pendant la période de réchauffement des eaux, accentuée surtout en juin ; l'autre pendant l'époque du refroidissement et correspondant au mois d'octobre.

Le maximum automnal correspond aussi probablement à celui qui a été déjà signalé à Naples par SCHUETT [**126**, p. 85, 96, 108] et par SCHROEDER [**121**, p. 34], où il se manifeste entre octobre et les premiers jours de décembre. La différence, assez notable, de leurs durées respectives dépend peut-être des conditions diverses de milieu et aussi de la nature des espèces dominantes, *Chaetoceras curvisetum* dans l'étang de Thau, *Ch. angulatum* (*Ch. Schuettii ? ?*) dans le golfe de Naples.

Des résultats analogues ont été obtenus par CORI et STEUER [**46**, p. 112] dans le golfe de Trieste pour novembre 1898 et pour la période hivernale suivante entre la fin de décembre 1898 et le milieu de mars 1899. Le langage des deux auteurs s'applique d'une manière singulièrement expressive à nos propres observations. « Das *Chaetoceras*-Plankton, von unseren Marinaeren sehr bezeichnend *limonata* genannt, bildet eine flockige, dickliche, gelbe Masse. » L'indétermination spécifique des *Chaetoceras* de Trieste et l'absence de *Ch. curvisetum* dans la liste donnée par SHROEDER ne nous permet pas de pousser plus à fond le parallélisme relatif à cette période. Observons seulement que la diminution quantitative extrêmement brusque dans l'étang de Thau coïncide avec la disparition presque complète de *Ch. curvisetum* et se produit de très bonne heure, dès la fin d'octobre, en 1903 aussi bien qu'en 1904.

Quant aux maxima relatifs à la période d'ascension thermique, ils ne nous permettent pas encore de formuler des vues générales, en l'absence de termes de comparaison.

Pour le golfe de Naples, nous savons seulement par SCHROEDER que, pendant son séjour (juillet-août), la quantité du Phytoplankton était « *minimal* ». Dans le golfe de Trieste, CORI et STEUER nous apprennent (*l. c.*, p. 114) que les Diatomées ont presque complètement disparu de la surface pendant le *printemps des eaux* entre mars et juin. Pendant l'été, entre juin et la fin de septembre, ils constatent aussi que les Diatomées se sont réfugiées dans les couches profondes ; toutefois, les pêches verticales leur permettent de reconnaître une phase de maximum en juin 1899 et surtout en 1900.

Sans doute, ce maximum correspond à la phase d'extraordinaire abondance superficielle observée par nous en juin 1903, et qui se prolonge, avec diverses vicissitudes, jusqu'à la fin du mois d'août. Il est vrai qu'en 1904 les conditions ont été différentes. *Chaetoceras curvisetum* s'est à peine montré pendant cette période, et la courte phase d'abondance en juillet demeure peu saillante ; en somme, le régime normal de cette moitié de l'année est encore très imparfaitement élucidé.

Les Diatomées interviennent seules d'une manière efficace dans l'étang de Thau, comme cause déterminante de ces variations quantitatives. A cet égard, nos observations concordent encore parfaitement avec celles qui ont été déjà faites dans d'autres régions. Les biologistes allemands, danois et scandinaves, opérant dans la Baltique ou dans les mers septentrionales, ont aussi constaté, avec diverses nuances dans l'évolution des Diatomées pélagiques, deux phases de maximum, l'un printanier (mars-mai), l'autre automnal (septembre-novembre) ; il se produit même plusieurs maxima secondaires en été. Nous manquons toutefois de mesures précises permettant de comparer plus directement les quantités de matière vivante répandues à la même époque dans les différents bassins maritimes.

II. — ETUDE QUALITATIVE

Les engins les plus divers peuvent être employés pour la récolte des matériaux destinés aux recherches qualitatives ; l'essentiel est qu'ils fournissent une image fidèle des groupements naturels qui peuplent, au moment de l'opération, les territoires explorés sans altérer outre mesure les rapports numériques des diverses espèces. Ils doivent être encore assez délicats pour capturer des formes même très fragiles sans leur imposer un ébranlement organique trop intense, susceptible de les tuer d'emblée ou de les rendre méconnaissables.

Le *filet Fuhrmann*, qui m'a toujours donné d'excellents résultats (1), se recommande par sa souplesse, la commodité de son maniement et de son entretien, etc. Il représente une simplification du *filet Apstein* [**2**, **3**] dont il diffère par l'absence du grand cercle tenseur et par la suppression du collecteur filtrant, remplacé par un entonnoir à gorge, autour duquel l'orifice inférieur très étroit du filet est maintenu par un collier à vis de pression. Le démontage et le lavage s'effectuent ainsi très rapidement après chaque opération.

On sait que la gaze de soie (soie à bluter) qui sert en général à la construction des filets pélagiques a donné lieu à de nombreuses recherches techniques relatives aux dimensions et à l'écartement des mailles, au rapport numérique de la surface filtrante et de la partie non filtrante, etc. Hensen et son école, d'une part, les limnologistes suisses et américains, d'autre part, ont fourni à ce sujet d'importantes contributions.

On a ainsi reconnu, entre autres choses, que la capacité de filtration s'affaiblit de plus en plus avec l'usage, par suite de l'épaississement des fils et de la réduction des mailles ; on sait aussi qu'une ébullition assez prolongée dans l'eau douce fait perdre à la gaze une partie de la raideur due à l'apprêt ; une forte contraction se produit ainsi immédiatement, et le filet devient susceptible de capturer des organismes plus petits que ne le comporte la grandeur théorique des mailles de la gaze neuve correspondante.

J'ai effectué de nombreuses pêches horizontales dans la partie orientale de l'étang, autour de Roquerols et dans les Eaux Blanches, à l'aide d'un filet en gaze n° 18, dont les orifices mesurent 75 μ de côté à l'état neuf ; je l'ai remplacé en septembre 1904 par un second filet de même forme en gaze n° 20, dont les mailles ne mesurent que 50 μ à l'état neuf, mais qui conserve plus longtemps,

(1) Ce filet est construit sur commande, en gaze de toute nature, par la maison « Gebrueder Locher », 19, Munsterhof, Zurich.

grâce à la perfection du tissage, une grande capacité de filtration.

Mon filet, assujetti à l'extrémité d'un cordeau, était lentement tiré par l'embarcation qu'un matelot conduisait à l'aviron ou à la voile, suivant les conditions atmosphériques.

J'ai également effectué un certain nombre de pêches verticales dans les périodes d'abondance. Le filet, simplement descendu au fond, après avoir jeté l'ancre, était ensuite remonté avec lenteur jusqu'à la surface. En raison de la faible profondeur totale, ces dernières opérations ne m'ont jamais fourni d'enseignement particulier, et je ne les mentionne ici que pour mémoire.

La durée des pêches horizontales, parfois écourtée par les intempéries et surtout par les brusques poussées du mistral, qui, plus d'une fois, nous obligea à battre en retraite, variait nécessairement suivant l'abondance relative du Plankton. Dans les périodes de grand maximum (juin, octobre), une durée d'immersion très courte, cinq minutes tout au plus, est suffisante pour déposer sur la paroi interne du filet un enduit végétal continu, qui obstrue tous les pores et rend illusoire toute prolongation de remorque, l'eau étant alors simplement refoulée sans filtration. Dans les périodes de disette au contraire, la traction du filet était prolongée au moins pendant une heure (novembre-avril), ne récoltant que des quantités insignifiantes de Plankton, disséminé dans des détritus inertes de toute nature.

Les produits de chaque coup de filet, immédiatement recueillis par déversement direct à l'aide de l'entonnoir terminal muni d'un large robinet, ont été généralement transportés au laboratoire dans une quantité d'eau suffisante pour assurer leur vitalité pendant quelques heures.

Cet artifice permet de pratiquer une première analyse microscopique des objets vivants, après un repos nécessaire pour dissiper les troubles fonctionnels éprouvés, comme on sait, par les organismes pélagiques arbitrairement soustraits à leurs conditions normales d'existence. C'est aussi le meilleur moyen pratique d'observer certaines formes, particulièrement susceptibles, les Péridiniens nus par exemple, qui échappent à nos procédés usuels de conservation.

L'ensemble de ces matériaux a été ensuite traité pour fixation et conservation par le formol à 3-5 % qui m'a donné d'excellents résultats, en particulier à l'égard des Diatomées, qui représentent l'élément de beaucoup le plus abondant dans la plupart de mes récoltes.

Dans les pages qui suivent sont énumérées, en ordre systématique, les espèces végétales rencontrées dans les produits de plus de 80 opérations similaires ; nous présenterons à la suite quelques observations d'ensemble sur les groupements naturels de ces espèces et sur l'époque plus ou moins habituelle de leur apparition.

L'ordre adopté dans le catalogue systématique est celui que Schuett a donné dans les *Pflanzenfamilien* d'Engler et Prantl, auquel se sont ralliés la plupart des biologistes contemporains, Ostenfeld, Schmidt, Schroeder, Gran, etc.

III. — Catalogue systématique des espèces pélagiques rencontrées dans le phytoplankton de l'étang de Thau

Cyanophyceæ

Richelia Schmidt, 1901.

R. intracellularis Schmidt, Red Sea (1) 1901, p. 146, f. 2.

Cette remarquable Cyanophycée endophyte des *Rhizosolenia*, déjà signalée dans *Rh. styliformis* et *Rh. Clevei* a été rencontrée par nous en parfait état dans *Rh. setigera* le 4 décembre 1904. — **Pl. I, fig. 3.**

Flagellata

Dinobryon Ehrenberg, 1838.

D. mediterraneum sp. nov.

Considéré d'abord comme une variété naine de *D. pellucidum* Levander, mais représentant en réalité une espèce distincte. Colo-

(1) Pour les abréviations bibliographiques, consulter l'index placé à la fin du mémoire.

nie assez étalée. Thèques cylindriques évasées en coupe à l'ouverture, se rétrécissant brusquement en cône aigu à l'autre extrémité; cône terminal fortement dévié latéralement. Dimensions à peu près identiques pour toutes les thèques. Longueur 26 μ, largeur 5 μ. — **Pl. I, fig. 8 et 9.**

Assez abondante en février.

Silicoflagellata

Dictyocha Ehrenberg, 1838.

D. Staurodon Ehrenberg, Monatsberichte, 1840; Mikrogeologie, Pl. 18, f. 58; Lemmermann, *Silicoflagellatae*, p. 259, Pl. 10, f. 22, 23; Nordisches Plankton, XXI, Pl. 27, f. 91.

Très rare. Décembre 1904.

D. fibula *var.* **messanensis** Lemmermann, *Silicoflagellatae*, 1901, p. 261; *D. messanensis* Haeckel, Monographie der Radiolarien, p. 272, Pl. 12, f. 3-6.

Rare. Février.

Peridiniaceæ

Pyrocystis Murray.

P. Pseudonoctiluca Murray, Challenger Reports, vol. I, part 2, Pl. 935, f. 935-937.

Très rare. Novembre et décembre.

P. lunula Schuett, Peridineen, 1895, Pl. 24 et 25, f. 80.

Très rare. Décembre 1904.

Gymnodinium Stein, 1883.

G. Pouchetii Lemmermann, Ergebnisse Pacific, 1899, p. 358; *G. pulvisculus* Pouchet, Contrib. II, p. 59, Pl. 3, f. 14-26.

Je n'ai observé que la forme enkystée adhérente à la nageoire des larves d'Appendiculaires et répondant parfaitement au dessin de Pouchet (*l. c.*). Pl. 3, f. 15.

Rare. Octobre.

G. bicaudatum sp. nov.

Cette nouvelle espèce, assez volumineuse, est caractérisée par la présence de deux cornes saillantes, très écartées, à l'extrémité postérieure. Extrémité antérieure nettement conique ; région médiane très renflée ; sillon transversal vers le tiers antérieur. Côtes longitudinales peu nombreuses et peu saillantes. Se rapproche de *G. cucumis* Schuett. — **Pl. III, fig. 5.**

Très rare. Octobre 1904.

Spirodinium Schuett, 1896.

Sp. crassum Lemmermann, Ergebnisse Pacific, 1899, p. 359 ; *Gymnodinium crassum* Pouchet, Contrib. II, p. 66, Pl. 4, f. 28, et Contr. III, p. 528, Pl. 26, f. 2.

C'est probablement la même espèce que représente Gourret sous le nom de *G. ovatum* in Péridiniens Marseille, p. 88, Pl. 1, f. 22.

Espèce volumineuse bien reconnaissable à son contenu de grandes vésicules rosées (Nebenpusulen Schuett) déjà signalées par Pouchet.

Octobre et novembre. Assez répandu.

Sp. spirale Schuett in Engler-Prantl, 1896, p. 5, f. 6 ; *Gymnodinium spirale* Bergh, Organismus, p 253, Pl. 16, f. 70-71 ; Schuett, Peridineen, Pl. 22, f. 70.

Assez répandu. Octobre.

— *var.* **acuta** Schuett, Peridineen, 1895. Pl. 21, f. 66.

Très rare. Octobre.

Pouchetia Schuett, 1895.

P. nigra Lemmermann, Ergebnisse Pacific, p. 360 ; *Gymnodinium Polyphemus var. nigrum* Pouchet, Contrib. IV, p. 97, Pl. 10, f. 2-5. ? *Pouchetia Juno* Schuett, Peridineen, Pl. 27, f. 98 et 99.

La synonymie de ce genre établi par Schuett pour les formes de Gymnodiniacées munies d'un appareil visuel (?) différencié (lentille et mélanosome) est d'autant plus difficile à vérifier que les dessins de Pouchet sont défectueux et ceux de Schuett manquent de diagnose explicative. D'autre part, les espèces sont probablement polymorphes, et présentent à l'état libre un tout autre aspect qu'à l'état d'enkystement.

Rare. Octobre, décembre.

P. rosea Schuett, Peridineen, Pl. 26, f. 92 ; *Gymnodinium Polyphemus var. roseum* Pouchet, Contrib. IV, p. 96, Pl. 10, f. 1.

L'individu enkysté que nous figurons, **Pl. III, fig. 4,** se rapporte évidemment à la variété établie par Pouchet ; il en présente tous les caractères. Quant à la synonymie que nous avons adoptée d'après Lemmermann (Ergebnisse Pacific, p. 360), elle nous paraît encore assez problématique ; Schuett déclare en effet n'avoir jamais trouvé de pigment rouge dans l'organe visuel des Pouchetia (*loc. cit.*, p. 95).

Rare. Octobre.

Erythropsis R. Hertwig, 1885.

E. agilis R. Hertwig, Morphol. Jahrb. X, 1885, p. 204-212, Pl. 6 ; *Spastostyla Sertulariarium* C. Vogt, Zool. Anz., VIII, p. 58. *Pouchetia cornuta* Schuett, Peridineen, Pl. 26, f. 96.

Ce remarquable organisme déjà observé sans doute par E. Metschnikoff, en 1872 (Zool. Anz. VIII, p. 433), a été retrouvé et décrit en 1884 par R. Hertwig. La description est assez complète, mais les dessins ne représentent qu'un être déjà mutilé et déformé par le traitement fixateur.

L'unique échantillon que j'ai rencontré vivant le 19 octobre 1904, m'a tout d'abord frappé par son étroite ressemblance avec certaines espèces du genre Pouchetia, auquel je l'ai rapporté d'instinct, me conformant ainsi, sans le savoir, à l'opinion formulée naguère par Y. Delage (*Zoologie concrète*, I, p. 387).

La présence d'un « appendice caudal » volumineux, est certainement le caractère le plus remarquable de ce curieux organisme. Cet appendice prend naissance au fond d'une profonde excavation de la région postérieure du corps ; il paraît formé d'un protoplasme homogène, à peine grisâtre comme le reste du corps, mais recouvert d'un grand nombre de petites papilles un peu plus foncées.

Autour de l'excavation protectrice se trouve une masse jaunâtre, lobée, comparable à celles que Schuett décrit sous le nom de « corps jaunes ».

L'appendice est doué d'une extraordinaire mobilité ; il se projette au dehors avec une extrême violence et une rapidité presque instantanée ; revenant sur lui-même avec une égale vitesse, il est de nouveau dardé un grand nombre de fois sans repos appréciable. De temps en temps, la projection est lente, il s'allonge alors peu à peu mais n'atteint qu'une longueur plus réduite ; à l'état de contraction complète, il se loge entièrement dans l'excavation postérieure. — **Pl. III, fig. 1.**

L'individu observé mesurait 55 μ de long ; l'appendice seul atteignait au moins 250 μ dans la plus grande extension, c'est-à-dire 5 fois la longueur du corps.

L'observation prolongée pendant trois-quarts d'heure sur le porte-objet ne révéla aucun indice d'affaiblissement dans ces réactions mécaniques qui déterminaient chaque fois un déplacement plus ou moins notable du corps tout entier.

J'avais enfin réussi, après bien des efforts, à le retourner pour examiner sa face ventrale, lorsqu'il éclata brusquement, comme beaucoup de Péridiniens nus, se réduisant en une masse amorphe, vésiculeuse, où il fut impossible de retrouver la moindre trace d'organisation.

Polykrikos Butschli, 1885.

P. auricularia Bergh, Organismus, 1882, p. 256, Pl. 16, f. 72-73 ; Pouchet, Contrib. I, p. 53 ; Contrib. IV, p. 108. Pl. 9, f. 10-13.

Ce remarquable organisme est assez abondant en octobre et en avril.

Cenchridium Stein, 1883.

C. globosum Stein, Organismus, 1882. Pl. 2, f. 1 et 2.

Trouvé une seule fois le 8 octobre 1903.

Prorocentrum Ehrenberg, 1833.

P. micans Ehrenberg ; Stein, Organismus. Pl. 1, f. 1-13.

En dehors de la forme normale, j'ai aussi observé la variété allongée, acuminée, signalée par Stein (*l. c., fig.* 13), comme propre à la Méditerranée.

Espèce pérennante ; maximum net en mai-juin.

Pyrophacus Stein, 1883.

P. Horologium Stein, Organimus, 1883, Pl. 24, f. 1-13; Schuett, Peridineen, Pl. 17, f. 51.

Assez commun en juin-juillet.

Ceratium Schranck, 1793.

Les efforts considérables consacrés jusqu'ici à la systématique de ce genre n'ont pas encore abouti à un résultat définitif. La comparaison des groupements proposés par divers auteurs, Schuett, Vanhoeffen, Joergensen, Cleve, Gran, Ostenfeld... nous donne à penser, contrairement à l'opinion récemment exprimée par Joergensen [**73**], qu'il est plus avantageux de considérer comme espèces distinctes toutes les formes nettement définies par des caractères constants, que de les rapprocher comme variétés d'un même type spécifique, ou comme « formes » d'une même variété. Les inconvénients de ce dernier procédé sont particulièrement évidents dans certains travaux de Schroeder [**121**] et de Joergensen [**71**].

I. *Subgenus* Euceratium *Gran*

Sectio Tripos.

C. tripos Nistzch; *C. tripos type* Cleve, Report Research, p. 301, Pl. I, f. 1; Schroeder, Neapel, p. 15, Pl. I, f. 17 a.

Parmi les très nombreux dessins que les auteurs rapportent à cette espèce (voir Joergensen, **71**, p. 42) la figure donnée par Cleve paraît devoir être préférée, malgré l'inflexion peut-être exagérée des cornes postérieures. Ce dessin est le plus conforme aux nombreux échantillons que j'ai pu observer, chez lesquels le bord postérieur du corps proprement dit forme toujours une courbe continue avec celle des cornes latérales, sans trace de dépression à la base de ces cornes. — **Pl. I, fig. 5 et 7.**

Ce même caractère se trouve dans les formes représentées par Schmidt (Koh Chang, Pl. 130, f. 1), sous le nom de *C. tripos var. baltica forma parallela* qui diffère évidemment très peu de l'espèce de Cleve. La forme dessinée par Gourret sous le nom de *C. tripos var. gracile* paraît être simplement un cas tératologique.

De septembre à juin. Maximum en novembre-décembre.

C. gracile nom. nov. ; *C. tripos var. gracilis* Schroeder, Neapel, 1900, p. 15, Pl. 1, f. 17, b, d, e ; Ostenfeld and Schmidt, Red Sea, Pl. 154, f. 14.

Ainsi que l'observent ces deux derniers auteurs, le dessin de Gourret [**57**, Pl. 1, f. 1], ne saurait s'appliquer à cette espèce. Plus robuste que la précédente, elle nous paraît caractérisée avant tout par la brièveté relative des cornes postérieures, assez fortement infléchies à l'origine et presque rectilignes au delà. On observe souvent une légère dépression du bord postérieur du corps, au point d'insertion des deux cornes correspondantes.

Les échantillons décrits et figurés par Ostenfeld [**101**, p. 583], sous les noms de *C. tripos forma atlantica* et *forma subsalsa* paraissent se rapporter à cette espèce, aussi bien que les échantillons figurés par Lemmermann sous le nom de *C. tripos* [**88**, p. 133, *pl.* 2, *fig.* 54 et 55].

Probablement pérennant. Maximum en décembre.

C. arcuatum Cleve, Atlantic organisms, 1900, p. 13, Pl. 7, f. 11 ; *C. tripos, var. arcuata* Gourret, Peridiniens Marseille, p. 25, Pl. 2, f. 42 ; Ostenfeld and Schmidt, Red Sea, p. 165, f. 15, non Joergensen, Protophyten. Pl. 2 f. 11.

Cette espèce présente des variations assez étendues dans les dimensions relatives des cornes, et surtout de la corne antérieure. Les dessins de Cleve et d'Ostenfeld-Schmidt ne sont pas absolument comparables à celui de Gourret. J'ai trouvé un grand nombre de spécimens répondant parfaitement à ce dernier, aussi bien pour la dimension des cornes, que pour la courbure dissymétrique du bord postérieur. J'ai constaté aussi que le sillon transversal n'est jamais complètement développé dans toutes ses parties ; du côté dorsal, sa moitié gauche seule, correspondant à la corne la plus courte, est normalement différenciée ; l'autre moitié se réduit à une double rangée de petites protubérances venant se perdre à l'aisselle de la corne droite [**Pl. I, fig. 3**]. Longueur moyenne, 300 μ. Cet ensemble de caractères sépare nettement cette espèce des deux suivantes, qui n'ont pas encore été distinguées jusqu'ici.

De novembre à juin. Rare, sauf en novembre-décembre.

C. symmetricum nov. sp.

Caractérisé par la longueur presque égale et la direction parallèle des trois cornes, qui sont à peu près dans le même plan. Corne antérieure rectiligne ou faiblement infléchie à droite. Cornes latérales formant avec le bord postérieur du corps une courbe continue sans aucune trace d'inflexion aux points d'attache. Corne postérieure droite recourbée à l'origine, puis rectiligne sur presque toute sa longueur. Corne postérieure gauche à courbure plus ample et plus prolongée, devenant ensuite presque parallèle aux deux autres. Sillon transversal complet, très accentué, plus ou moins coudé dans la partie médiane. Longueur moyenne, 200 μ.

De novembre à fin mai. Maximum en décembre [**Pl. I, fig. 4**].

C. coarctatum nov. sp.

Forme générale analogue, mais caractères différentiels très nets. Longueur moyenne, 300 μ. Cornes latérales plus rapprochées que dans l'espèce précédente et se rapprochant de plus en plus vers leur extrémité. Corne antérieure infléchie à droite et toujours relevée au-dessus du plan des deux autres. Corne postérieure droite presque entièrement rectiligne ; corne gauche faiblement incurvée sur toute sa longueur.

De novembre à janvier. Peu répandu [**Pl. I, fig. 6**].

Ces deux espèces, beaucoup plus robustes que *C. arcuatum*, ne sauraient être confondues entre elles, surtout quand elles se présentent côte à côte dans une même préparation.

C. heterocamptum Ostenfeld et Schmidt, Red Sea, 1901, p. 165; *C. tripos var.* E. *arcuatum forma heterocampta*, Joergensen, Protophyten, p. 44, Pl. 2, f. 12 ; *C. tripos var. arietinum* Cleve, Atlantic organisms, p. 13. Pl. 7, fig. 3 ; *C. bucephalum var. heterocampta*, Joergensen, Protistplankton, p. 11.

Cette espèce paraît intermédiaire entre *C. tripos* et *C. bucephalum* que je n'ai jamais rencontré dans l'étang.

Rare. De novembre à avril.

C. curvicorne Cleve, Atlantic organims, p. 14, Pl. 7, f. 2 ; *C. tripos v. curvicorne* Daday, Uebersicht, Pl. 3, f. 4, 8, 12, 14 ; *C. curvicorne* Schmidt, Koh Chang, p. 132, f. 3, 4.

Englobé à tort par Schroeder (Neapel), dans *C. tripos var. gibbera* d'après les dessins de Gourret. Les figures 34 et 35 de ce dernier auteur peuvent seules se rapporter à *C. curvicorne.*

D'octobre à juin. Rare. Maximum en décembre.

C. azoricum Cleve, Atlantic organisms, 1901, p. 13, Pl. 17, f. 6-7 ; *C. tripos var. brevis* Ostenfeld and Schmidt, Red Sea, p. 164, f. 13.

Espèce remarquablement robuste, mais très petite, ce qui explique peut-être la rareté de ses mentions.

Décembre.

C. limulus Gourret, Péridiniens Marseille, 1883, p. 33, Pl. 1, f. 7 ; *C. tripos var. limulus* Pouchet, Contrib. I, p. 424, Pl. 19, f. 39.

Très rare. Novembre à mars.

Sectio Macroceros.

Il est fâcheux que certains auteurs, Gourret et Schroeder entre autres, n'aient pas tenu compte de la différence qui existe entre les cornes ouvertes et les cornes fermées à leur extrémité ; leurs dessins laissent à désirer au point de vue de l'exactitude et l'identification des espèces devient difficile.

C. macroceros Cleve, Seasonal distribution, 1900, p. 227 ; *C. tripos var. macroceros* auct. ; Claparède et Lachmann, Infusoires, p. 397, Pl. 19, f. 1 ; Cleve, Report Research, p. 301, f. 6 ; Ostenfeld and Schmidt, Red Sea, p. 167, f. 19 ; Schroeder, Neapel. Pl. 1, f. 17 f et g.

Peu abondant. D'octobre à juin ; maximum en décembre.

C. intermedium Joergensen, Protistplankton, 1905, p. 111 ; *C. macroceros forma intermedia*, Joergensen, Protophyten, p. 42, Pl. 1, f. 10 ; *C. horridum* Gran, Plankton, p. 194.

De novembre à mai : rare ; maximum en décembre.

C. contrarium nom. nov. *C. tripos var. contraria* Gourret, Péridiniens Marseille, p. 31, Pl. 3, f. 51 ; *C. tripos var macroceros f. contraria*, Schroeder, Neapel, p. 16.

La longueur relative des cornes latérales est très variable.

De novembre à juin ; maximum en décembre (**Pl. II, fig. 1**).

C. volans Cleve, Atlantic organisms, 1901, p. 15, Pl. 7, f. 4 ; Ostenfeld and Schmidt, Red Sea, p. 168, f. 21.

Cette espèce paraît caractérisée par l'envergure très étalée des cornes postérieures, qui font à l'origine un angle presque droit avec la corne antérieure ; mais l'angle peut être aussi beaucoup moins ouvert et les cornes postérieures s'infléchissent vers la corne antérieure, comme dans notre dessin. — **Pl. I, fig. 1.**

Le *Ceratium patentissimum* d'Ostenfeld-Schmidt (Red Sea, p. 169, *fig.* 22), paraît être une simple forme démesurément développée de cette espèce.

Novembre et décembre ; rare.

C. vultur Cleve, Atlantic organisms, 1901, p. 15, Pl. 7, f. 7 ; Ostenfeld and Schmidt, Red Sea, p. 67, f. 20.

Espèce robuste, de grande taille, ornée de crêtes plus ou moins dentées autour du corps et des cornes. Cornes latérales brusquement réfléchies, comme coudées à la base, droites ou à peine arquées au-delà. — **Pl. I, fig. 2.**

Novembre ; très rare.

C. reticulatum Cleve, Report Bombay, 1903, p. 342 ; *C. tripos var. reticulata*, Pouchet, Contrib. I, p. 423, f. 3, a, b ; *C. tripos var. inaequale* Gourret, Péridiniens Marseille, p. 30, Pl. 1, f. 3 ; *C. hexacanthum* Gourret, ibid., p. 36, Pl. 3, f. 49.

L'identité de ces diverses formes est d'autant plus certaine que les échantillons de Pouchet ont été récoltés dans l'Océan aussi bien que dans la Méditerranée.

Novembre à juin ; maximum en décembre.

Sectio Palmati.

Cornes latérales étalées, aplaties ou digitées.

C. platycorne Daday, Uebersicht, 1888, p. 101, Pl. 3, f. 1, 2 ; *C. tripos var. aurita* Cleve, Treatise, p. 26, Pl. 2, f. 29.

Novembre et décembre ; très rare.

II. *Subgenus* BICERATIUM *Vanhoeffen*

C. **candelabrum** Stein, Organismus, 1883, Pl. 15, f. 15, 16 ; Pouchet, Contrib. I, Pl. 18, f. 1 ; Schuett, Peridineen, Pl. 9, f. 38 ; *C. globatum*, Gourret, Péridiniens Marseille, Pl. 4, f. 67 ; *C. dilatatum* Gourret, ibid., Pl. 4, f. 68, et *var. parvum*, ibid., Pl. 4, f. 63.

Novembre à juin ; maximum en décembre.

C. **furca** Claparède et Lachmann, Infusoires, 1858, p. 399, Pl. 19, f. 5 ; Stein, Organismus, Pl. 15, f. 7-14 ; Pouchet, Contrib. I, Pl. 18, f. 2.

Schroeder considère avec raison comme sans valeur les variétés *singularis*, *tertia* et *media* de Gourret (*pl.* 4, *fig.* 60-62).

Espèce pérennante ; abondante en juin, juillet, et de septembre à décembre.

C. **lineatum** Cleve, Spitzbergen, 1899, p. 36 ; *Peridinium lineatum* Ehrenberg, 1854 ; *C. furca var. baltica* Moebius ; Schuett, Peridineen, Pl. 9, f. 36 ; *Biceratium debile* Vanhoeffen, Groenland's Expedition, Pl. 5, f. 16.

Il est très probable, comme l'observe Schroeder, que *C. pentagonum* Gourret (Péridiniens Marseille, Pl. 4, f. 58, 59), représente une simple forme de cette espèce à corne antérieure très courte, comme je l'ai souvent rencontrée.

Manque en juillet-août. Abondant en décembre.

III. *Subgenus* AMPHICERATIUM *Vanhoeffen*

C. **fusus** Dujardin, Zoophytes, 1841, p. 878; Stein, Organismus, Pl. 15, f. 1-6 ; *C. fusus var. inaequalis* Schroeder ; Schuett, Peridineen, Pl. 9, f. 35 ; *C. longirostrum* Gourret, Péridiniens Marseille, Pl. 4, f. 65 ; *C. pellucidum* Gourret, ibid., Pl. 4, f. 66.

Pérennant ; maximum mai-juin ; abondant en décembre.

C. fusus *var.* **concava** Gourret, ibid., Pl. 4, f. 64 ; Daday, Uebersicht, Pl. 3, f. 5.

Se distingue nettement du type par son apparence beaucoup plus robuste et sa coloration foncée.

Très rare. Décembre.

C. extensum Cleve, Report Bombay, 1903, p. 340 ; *C. fusus var. extensa* Gourret, Péridiniens Marseille, Pl. 4, f. 56 ; Schuett, Pflanzenleben, p. 33, f. 24.

Rare. Novembre, décembre.

Gonyaulax Diesing, 1866.

G. polyedra Stein, Organismus, 1883, Pl. 4, f. 7-9.

D'avril à septembre ; maximum en juillet.

G. polygramma Stein, Organismus, 1883, Pl. 4, f. 15-19 ; Schuett, Peridineen, Pl. 8, f. 33.

Très rare ; décembre.

G. spinifera Stein, Organismus, Pl. 4, f. 10-14 ; Schuett, Peridineen, Pl. 9, f. 34.

D'avril à août ; très abondant en juin.

Goniodoma Stein, 1883.

G. acuminatum Stein, Organismus, 1883, Pl. 7, f. 1-6 ; Schuett, Peridineen, Pl. 8, f. 30.

De septembre à décembre ; maximum en novembre.

G. armatum Schmidt, Koh Chang, 1901, p. 135 ; *C. acuminatum var. armata* Schuett, Peridineen, Pl. 9, f. 32 ; *G. fimbriatum*, Murray-Whitting, New Peridiniaceae, p. 325, Pl. 27, f. 1.

Cette forme remarquable représente certainement une espèce distincte.

Novembre et décembre ; assez rare.

Diplopsalis Bergh, 1881.

D. lenticula Bergh, Organismus, 1881, p. 244, Pl. 16, f. 60-62 ; Stein, Organismus, Pl. 8, f. 12-14 ; Schuett, Peridineen, Pl. 15, f. 50.

De mai à juin, et d'octobre à décembre.

Peridinium Ehrenberg, 1832.

P. divergens Ehrenberg, Stein, Organismus, Pl. 10, f. 1-9 ; Pouchet, Contrib. I, Pl. 20-21, f. 20-33 ; Schuett, Peridineen, Pl. 12-14, f. 43 et 44 ; Murray-Whitting, New Peridiniaceae, Pl. 29, f. 4, a, b.

Extrêmement polymorphe ; présente probablement un dimorphisme saisonnier.

Pérennant. Très abondant entre mai et juillet ; rare en janvier.

P. globulus Stein, Organismus, Pl. 9, f. 5-7 ; Schuett, Peridineen, Pl. 15, f. 48.

De septembre à décembre ; rare.

P. pellucidum Schuett, Peridineen, 1895, p. 157, Pl. 14, f. 45 ; Ostenfeld, Faeroës, p. 581, f. 129 ; *Protoperidinium pellucidum* Bergh, Organismus, 1881, p. 227 f. 46, 47 ; Pouchet, Contrib. I, Pl. 18-19, f. 8-12.

Septembre, octobre ; peu répandu.

P. Steinii Joergensen, Protophyten, 1899, p. 38 ; *P. Michaëlis* Stein, Organismus, Pl. 9, f. 9-14 ; Schuett, Peridineen, p. 157, Pl. 14, f. 46.

De juin à décembre ; très abondant vers la fin de juin.

P. minusculum nov. sp.

Cette nouvelle espèce, extrêmement petite, est caractérisée par la largeur considérable du sillon transversal ; à l'extrémité postérieure sont deux longues cornes acuminées, divergentes, très espacées à leur base ; le corps est assez aplati dans la région médiane. Longueur moyenne, y compris les cornes postérieures, 50 à 53 μ ; largeur, 30 à 32 μ. **Pl. 3, f. 7-9.**

Assez abondant en février.

Podolampas Stein, 1883.

P. bipes Stein, Organismus, 1883, Pl. 8, f. 6-8 ; Schuett, Peridineen, Pl. 19, f. 56 ; *Parrocelia ovalis* Gourret, Péridiniens Marseille, Pl. 3, f. 48.

Rare. Novembre et décembre.

P. palmipes Stein, Organismus, 1883, Pl. 8, f. 9-11 ; Schuett, Peridineen, Pl. 8, f. 58.

Novembre ; très rare.

P. elegans Schuett, Peridineen, 1895, p. 53, Pl. 18, f. 57.

Cette remarquable espèce figurée par Schuett sans diagnose ni mention d'origine, a été retrouvée par Lohmann [90], dans la Méditerranée. Elle est d'ailleurs très facile à distinguer.

Décembre ; très rare.

Oxytoxum Stein, 1883.

O. reticulatum Lemmermann, Ergebnisse Pacific, 1899, p. 371 ; *Pyrgidium reticulatum* Stein, Organismus, Pl. 5, f. 14.

Décembre ; très rare.

O. tesselatum Schuett, Peridineen, 1895, Pl. 17, f. 52 ; *Pyrgidium tesselatum* Stein, Organismus, Pl. 6, f. 2, 3.

Décembre ; très rare.

O. scolopax Stein, Organismus, 1883, Pl 5, f. 1-3.

Février ; très rare.

Ceratocorys Stein, 1883.

C. horrida Stein, Organismus, 1883, Pl. 6, f. 4-11.

Novembre ; très rare.

Phalacroma Stein, 1883.

Ph. doryphorum Stein, Organismus, Pl. 19, f. 1-4 ; Schuett, Peridineen, Pl. 4, f. 19.

Novembre, décembre ; très rare.

Ph. Jourdani Schuett, Peridineen, 1895, Pl. 4, f. 20. *Dinophysis Jourdani* Gourret, Péridiniens Marseille, Pl. 3, f. 55.

Novembre, décembre ; très rare.

Ph. mitra Schuett, Peridineen, 1895, Pl. 4, f. 18. Murray-Whitting, New Peridiniaceae, Pl. 31, f. 7.

Nos échantillons sont parfaitement conformes au dessin de Schuett.

Novembre, décembre ; très rare.

Ph. operculatum Stein, Organismus, 1883, Pl. 18, f. 7-10; Schuett, Peridineen, Pl. 2, f. 10.

Novembre ; très rare.

Ph. porodictyum Stein, Organismus, 1883, Pl. 18, f. 11-14 ; Schuett, Peridineen, Pl. 2, f. 13.

Décembre ; très rare.

Ph. vastum *var.* **acuta** Schuett, Peridineen, 1895, p. 149, Pl. 3, f. 17.

Novembre, décembre ; assez répandu.

Dinophysis Ehrenberg, 1839.

D. acuminata Claparède et Lachmann, Infusoires, 1858, p. 408 Pl. 20, f. 17 ; *Dynophysis laevis*, Pouchet, Contrib. I, p. 426, Pl. 18-19, f. 6 ; *D rotunda* Levander, Acta fennica, XII, p. 54, Pl. 2, f. 26.

Nous devons à Joergensen [**71**] une révision très soignée des espèces du *G. Dinophysis*, mais il y a encore certainement beaucoup à faire pour arriver à une délimitation rigoureuse des diverses formes. J'ai rencontré en abondance une variété réniforme, à bord ventral fortement concave, qu'il paraît impossible de séparer de l'espèce type. — **Pl. III, fig. 10**.

Pérennant ? Toujours rare, excepté en juin.

D. acuta Ehrenberg, 1839, Stein, Organismus, p. 108, Pl. 19, f. 13 ; Schuett, Peridineen, Pl. 1, f. 4 ; Joergensen, Protophyten, p. 28, Pl. 1, f. 2 ; *D. ventricosa* Claparède et Lachmann, Infusoires, Pl. 20, f. 20.

La présence de cette espèce dans la Méditerranée occidentale est indiscutable.

Janvier à mars ; toujours très rare.

D. homunculus Stein, Organismus, 1883, Pl. 21, f. 1, 2, 5, 6, 7 ; Schuett, Peridineen, Pl. 2, f. 8 ; *D. Allieri* Gourret, Péridiniens Marseille, Pl. 3, f. 54 ; *D. inaequalis* Gourret, ibid, Pl. 1, f. 21.

Juin-juillet ; octobre à décembre ; très rare.

— *var.* **tripos** Lemmermann, Ergebnisse Pacific, 1899, p. 373.

D. tripos Gourret, Péridiniens Marseille, p. 80, Pl. 3, f. 53; Stein, Organismus, Pl. 21, f. 3 et 4.

Mériterait sans doute d'être considéré comme espèce distincte.

Novembre ; très rare.

D. ovum Schuett, Peridineen, 1895, Pl. 1, f. 6.

Décembre ; très rare.

Histioneis Stein, 1883.

H. magnifica Murray-Whitting, New Peridiniaceae, 1899, p. 322, Pl. 32, f. 2. *Ornithocercus magnificus Stein*, Organismus, Pl. 23, f. 1-6 ; Schuett, Peridineen, Pl. 5, f. 21.

Décembre ; très rare.

Cystæ

Les efforts dépensés jusqu'ici par divers auteurs (Ostenfeld, Joergensen, Gran, Lemmermann), pour établir un groupement systématique de ces formes problématiques ne paraissent pas avoir été couronnés de succès. Afin de ne pas anticiper sur les solutions à venir, je me suis contenté d'appliquer simplement les règles de priorité aux quelques formes correspondantes rencontrées dans mes récoltes.

Xanthidium Ehrenberg, 1833.

X. brachiolatum Moebius, Systemat. Darstellung, 1887, p. 124, Pl. 8, f. 61 ; *Trochiscia brachiolata*, Lemmermann, Phytoplankton, p. 348 ; Nordisches Plankton XXI, p. 16, f. 57, 58.

Rare ; mai, octobre.

X. multispinosum Moebius, Systemat. Darstellung, 1887, p. 124, Pl. 8, f. 62, 63 ; *Trochiscia multispinosa* Lemmermann, Phytoplankton, p. 349 ; Nordisches Plankton XXI, p. 17, f. 60.

Rare ; mai, octobre.

X. coronatum nov. sp.

Corps arrondi, fortement bombé sur les deux faces ; diamètre 40 µ, épaisseur 30 µ. Sur l'une des faces, la membrane se prolonge en 8 ou 9 bras épais, mais entièrement vides, transparents, brusquement épanouis en une couronne de dents nombreuses et inégales ; les plus courtes orientées vers le centre de la cellule.

Assez répandu en février ; rare en mars. — **Pl. III, fig. 2, 3.**

Diatomaceæ

A. — Centricae

Paralia Heiberg, 1863.

P. sulcata Cleve, Arctic sea, 1873, p. 7 ; W. Smith, Synopsis, II, p. 59, Pl. 53 f. 338 (1).

Rencontrée souvent en tronçons de filaments ; doit cependant être considérée comme une *Pseudo-Planktonform*.

Novembre à mai.

Skeletonema Greville, 1865.

S. costatum Cleve, Java, 1873 ; Van Heurck, Synopsis, Pl. 91, f. 4-6 ; Schmidt, Atlas, Pl. 180, f. 45. *Melosira costata* Greville.

De fin septembre à fin mai ; très abondant en février.

Coscinodiscus Ehrenberg, 1838.

L'identification des espèces de ce genre difficile, partiellement révisé tout récemment encore par Joergensen [73], doit être considérée comme provisoire, et j'ai dû laisser de côté, à l'exemple de Schroeder [121] un certain nombre de petites formes, en attendant l'achèvement de l'Atlas des Diatomées marines de H. et M. Péragallo.

C. excentricus Ehrenberg ; Van Heurck, Synopsis, Pl. 130, f. 4, 7 ; W. Smith, Synopsis, Pl. 3, f. 10 (?) ; Schmidt, Atlas, Pl. 58, f. 46, 49.

Peu répandu. Septembre.

---

(1) Dans cette nomenclature je signalerai seulement les ouvrages de référence que j'ai utilisés pour la détermination des espèces.

C. radiatus Ehrenberg ; Schmidt, Atlas, Pl. 60, f. 5, 10

Très abondant à Villefranche d'après H. Péragallo ; récolté par mo d'octobre à février ; toujours rare.

C. oculus iridis Ehrenberg ; Schmidt, Atlas, Pl. 65, f. 6, 7.

Je considère comme appartenant à cette espèce les grandes cellules très aplaties, à rosette centrale très distincte, qui abondent dans les eaux froides de l'étang entre décembre et avril.

Asterolampra Ehrenberg.

A. marylandica Ehrenberg ; Péragallo, Diatomées marines, Pl. 110, f. 2. *A. marylandica var. Ausonia*, Castracane, Contribuzione, 1875, p. 31, Pl. 5, f. 4 a.

Péragallo la mentionne comme très fréquente dans les récoltes pélagiques de Villefranche ; Schroeder la déclare une des algues pélagiques les plus communes du golfe de Naples.

Je l'ai recueillie très rarement, en novembre, décembre et janvier, jamais en été.

A. Grevillei Greville, Monograph of the g. Asterolampra ; Trannow in Van Heurck, Synopsis, Pl. 12, f. 12 ; Péragallo, Diatomées marines, Pl. 110, f. 3.

De même que dans les spécimens signalés par Péragallo à Villefranche, les côtes centrales de nos échantillons rappellent nettement celles des *Asteromphalus*, tandis que dans *Ast. rotula*, Greville mentionne expressément « umbilical lines simple, or forked close to the central point ».

sact. microsc. Soc., 1860 ; *A. Grevillei* Wallich *var. adriatica* Gru-

Novembre ; très rare.

Asteromphalus Ehrenberg, 1844.

A. flabellatus Greville, Diatomées du Guano de Californie, Quart. Journ. micr. Sc., 1859, p. 160, Pl. 7, f. 4 ; Schmidt, Atlas, Pl. 38, f. 10-12 ; Péragallo, Diatomées marines, Pl. 110, f. 4, 5 ; *Asteromphalus flabellatus var. tergestina* Van Heurck, Synopsis, Pl. 127, f. 5, 6.

Août et septembre ; assez répandu.

Actinocyclus Ehrenberg, 1838.

A. subtilis Ralfs ; Van Heurck, Synopsis, Pl. 124, f. 7.

Signalé par PÉRAGALLO à Villefranche et par SCHROEDER à Naples.

Abonde en novembre dans l'étang.

Lauderia Cleve, 1873.

L. annulata Cleve, Java, 1873, p. 8, Pl. 1, f. 7 ; Castracane, Report Challenger, p. 89, Pl. 8, f. 7 ; Péragallo Rhizosolenia, p. 10, Pl. 1, f. 11 ; Gran, Bemerkungen, p. 109, Pl. 9, f. 1-4.

Janvier à avril ; assez abondante en février-mars.

L. delicatula Péragallo, Diatomées Villefranche, 1888, p. 81 Pl. 6, f. 46 ; Péragallo, Rhizosolenia, p. 10, Pl. 1, f. 13 ; Cleve Treatise, p. 24, Pl. 2, f. 21 ; *Detonula delicatula* Gran, Bemerkungen, p. 112 ; *Lauderia delicatula*, Schroeder, Neapel, p. 23, Pl. 1, f. 39 ; *L. Schroederi* P. Bergon, Etudes Arcachon, p. 35, Pl. 1, f. 11-15.

Les arguments invoqués par P. BERGON ne paraissent pas suffisants pour justifier la création d'une espèce nouvelle (1). Les nombreux échantillons que j'ai pu recueillir en février-mars ont tous la fossette valvaire et l'épine centrale très visibles, avec une forme extérieure absolument semblable à celle que figure PÉRAGALLO. Longueur, 70 à 75 μ, largeur, 18 à 20 μ.

Février-mars.

Leptocylindrus Cleve, 1889.

L. danicus Cleve, Kanonbaaden Hauch's Togter, 1889, p. 54 ; Cleve, Planktonundersoekningar I. Pl. 2 f. 4, 5 ; Péragallo, Rhizosolenia, Pl. 1, f. 21-22.

Probablement pérennant ; maximum en août-septembre.

Guinardia Péragallo, 1892

G. flaccida Péragallo, Rhizosolenia, 1892, p. 12, Pl. 1, f. 3-5 ;

(1) Par suite d'une erreur bizarre, cet auteur a constamment confondu dans le travail cité le μ avec le centième de millimètre.

Rhizosolenia (?) *flaccida*, Castracane, Report Challenger, p. 74, Pl. 29, f. 4 ; *Pyxilla baltica* Hensen in Schuett, Pflanzenleben, p. 23, f. 16 ; *Guinardia baltica* Schuett in Engler-Prantl, Bacillariales, p. 84.

L'identité de ces diverses formes, affirmée par Cleve [45], n'est pas douteuse. J'ai toujours rencontré cette espèce, surtout en novembre, où elle devient abondante, sous la forme de chaînes recourbées en arc, par conséquent identiques au type de la Baltique ; de plus, la présence constante de l'encoche valvaire ne laisse aucun doute sur son identité. La plupart des échantillons mesurent 50 μ de diamètre ; quelques-uns n'ont que 25 μ, et on ne rencontre pas de grandeurs intermédiaires.

Espèce pérennante ; maximum en novembre.

G. Blavyana Péragallo, Rhizosolenia, 1892, Pl. 1, f. 1.

Cette belle espèce, presque toujours en cellules isolées de grande taille, est pérennante, avec un faible maximum en septembre.

Rhizosolenia Brightwell, 1858.

Rh. alata Brightwell Remarks on the *G. Rhizosolenia* in Quart. Journ. micr. Sc., 1858, Pl. 5, f. 8.

— *var.* **gracillima** Van Heurck, Synopsis, Pl. 79, f. 79, f. 8, 10 ; Péragallo, Rhizosolenia, p. 20, Pl. 5, f. 11. *Rh. gracillima* Cleve, New Diatoms, 1881, p. 26, Pl. 6, f. 78.

Les spécimens que j'ai récoltés appartiennent tous à la forme étroite, *var. gracillima* Van Heurck, mais j'ai rencontré aussi des formes mixtes, identiques au dessin de Van Heurck (*fig.* 8), correspondant à la formation d'auxospores, décrite par Schuett en 1886 (voir Berichte d. d. bot. Ges. XI, 1893, Pl. 30).

Décembre, rare.

Rh. amputata Ostenfeld in Schmidt, Koh Chang VII, 1902, p. 227, f. 4.

Cette belle espèce, caractérisée par la disposition de ses écailles, par la présence d'une longue gouttière d'emboîtement linéaire et par la forme de l'épine terminale, tronquée et évidée, paraît avoir des affinités avec *Rh. Bergonii*, plutôt qu'avec *Rh. arafurensis*. Diamètre, 60-65 μ.

Décembre, rare.

Rh. calcar avis Schulze. Diatomées de la mer du Nord, in Micr. Journal, 1859, Pl. 2, f. 5-10 ; Péragallo, Rhizosolenia, p. 18. Pl. 4, f. 9, 10.

Pérennant, toujours en parfait état de végétation ; maximum (?) en mai et en novembre.

Rh. Castracanei Péragallo, Villefranche, 1888, p. 83, Pl. 6, f 42, Péragallo, Rhizosolenia, p. 16, Pl. 2, f. 4.

Très rare dans l'étang ; introduite probablement en échantillons isolés par les courants marins. Décembre.

Rh. fragilissima P. Bergon, Etudes Arcachon, 1903, p. 15. Pl. 1, f. 10 ; *Leptocylindrus danicus* Schuett, Centrifugale Verdickungen, p. 504, Pl. 12, 13-24 et f. 33 ; *Rhizosolenia delicatula* Ostenfeld, Faeroës, p. 568, f. 123 (non Cleve).

Les échantillons observés par nous ont les dimensions de 50 à 60 μ en longueur, et 10 à 20 μ en diamètre, comparables aux chiffres fournis par Bergon (*l. c.*).

De juillet à septembre ; assez répandue.

Rh. imbricata Brightwell, Remarks... in Micr. Journ., 1858, p. 96, Pl. 5, f. 6 ; Van Heurck, Synopsis, Pl. 79, f. 5, 6 ; Péragallo, Rhizosolenia, p. 18, Pl. 5, f. 23.

Espèce pérennante quoique rare jusqu'en juillet ; maximum puissant entre septembre et novembre.

Rh. robusta Norman, Pritchard, Infus., 1861, p. 866, Pl. 8, f. 42 ; Castracane, Report Challenger, Pl 24, f. 5, Péragallo, Rhizosolenia, p. 14, Pl. 2, f. 1 et Pl. 3, f. 1, 2.

Se montre régulièrement dans l'étang entre février et mai.

Rh. setigera Brightwell, Remarks .. in Micr. Journ., 1858, p. 95, Pl. 5, f. 7 ; Van Heurck, Synopsis, Pl. 78, f. 6 8 ; Hensen, 5er Bericht. Pl. 5, f. 38 a, b, c ; Cleve, Report Research, p. 301, f. 12 ; Péragallo, Rhizosolenia, p 17, Pl. 4, f. 15, 16 ; *Rh. japonica*, Castracane, Report Challenger, p. 72, Pl. 23, f. 7 ; *Rh Hensenii* Schuett, Centrifugale Verdickungen, p. 510, Pl. 510, Pl. 12, f. 25-27.

Cette espèce n'a pas été séparée de *Rh. semispina* par H. Péragallo.

Nous y avons rencontré en parfait état le *Richelia intracellularis* Schmidt, qui n'était connu jusqu'ici que dans *Rh. styliformis* Brightwell et *Rh. Clevei* Ostenfeld.

Novembre et décembre ; rare.

Rh. Shrubsolii Cleve, On some new or little known Diatoms, 1881, p. 26 ; Van Heurck, Synopsis, Pl. 79, f. 11-13 ; Péragallo, Rhizosolenia, Pl. 5, f. 8, 9.

L'autonomie de cette espèce paraît justifiée par la constance de ses caractères, et par sa coexistence fréquente avec *Rh. imbricata* sans termes de passage.

Pérennante ?

Rh. Stolterfothii Péragallo, Villefranche, 1888, p. 82, Pl. 6, f. 44 ; Péragallo, Rhizosolenia, Pl. 1, f. 17, 18 ; P. Bergon, Etudes Arcachon, Pl. 1, f. 1-7.

Cette espèce est une des formes les plus constantes de l'étang, et présente en été une phase d'énorme accroissement entre les derniers jours de juillet et la fin de septembre, c'est-à-dire pendant la période d'échauffement maximum des eaux.

C'est dans ces circonstances que j'ai observé, le 15 septembre 1904, la formation des auxospores dans cette espèce où ce phénomène avait jusqu'ici passé inaperçu, malgré l'abondance souvent énorme de cette Diatomée sur les côtes de France (voir Bergon, *l. c.*, p. 35). La température de l'eau était 21°6, le ciel presque découvert, les eaux agitées par un mistral (N.-W), assez sensible.

Vivement intéressé par cette rencontre, je retournai dès le lendemain donner un nouveau coup de filet ; malgré l'abondance de cette récolte il me fut impossible d'y retrouver la moindre trace du fait morphologique si largement représenté la veille. Cela est d'autant plus fâcheux, qu'il m'a été impossible de découvrir les tout premiers stades du phénomène. Les auxospores les plus jeunes que j'aie pu observer, ont déjà la forme d'une vésicule ovale mesurant 45 μ de long sur 40 μ de large ; l'allongement est donc très peu marqué à l'origine, mais le protoplasme est accumulé surtout vers l'une des extrémités, opposée à la zone d'insertion des tronçons de la cellule formatrice. Ceux-ci, presque toujours inégaux (**Pl. II, f.**

9, 10), paraissent entièrement vides, et divergent comme les branches arquées d'un V au delà de leur zone d'attache, que nous pouvons considérer comme la région postérieure de l'auxospore.

Dans un état un peu plus avancé, la masse protoplasmique, devenue plus centrale, éprouve un recul dans la région antérieure et s'écarte de la membrane primitive. Elle élabore à quelque distance une nouvelle membrane, plane ou même un peu déprimée, au centre de laquelle se trouve implanté un piquant recourbé, identique à celui des cellules adultes.

La calotte de membrane extérieure a donc une valeur transitoire ; elle représente un « périzonium » partiel (voir SCHUETT, in *Engler-Prantl Bacillariales*, p. 52), qui ne tarde pas à disparaître.

L'auxospore prend bientôt une forme plus régulièrement cylindrique. La plus parfaite que j'aie pu observer (**Pl. III, f. 11**) mesurait 80 µ de long sur 35 µ de diamètre ; les deux tronçons de la cellule-mère, encore adhérents, ne dépassaient pas 14 µ de diamètre.

Le corps protoplasmique possède déjà une disposition très analogue à celle des cellules adultes ; il comprend une masse centrale entourant le noyau et un système de cordons plasmiques rayonnants, englobant de nombreux chromatophores allongés, de couleur normale.

L'adhérence des tronçons vides doit être très faible, car on rencontre de nombreuses auxospores, même peu avancées, accompagnées d'un seul segment ou même entièrement dépourvues de tout appendice.

Ce mode de formation des auxospores diffère des cas déjà décrits par SCHUETT, dans *Rh. alata* et *Rh. Bergonii* (?), ou par GRAN, dans *Rh. styliformis*, mais peut être rapproché du mode décrit par SCHUETT, dans *Skeletonema costatum*.

Les dimensions transversales des auxospores sont supérieures à celles de toutes les cellules végétatives mesurées jusqu'ici, le diamètre maximum indiqué par P. BERGON étant de 31 µ.

Quant aux agglomérations de cellules isodiamétriques signalées par P. BERGON (*l. c.*), et que j'ai souvent rencontrées dans les pêches où cette Diatomée est abondante, ce ne sont très probablement que des masses fécales comparables à celles qui sont formées de Navicules, d'*Asterionella*, de *Striatella unipunctata*, etc...

Pérennant ; maximum en juillet-août.

Rh. Temperei *var.* **acuminata** Péragallo, Rhizosolenia, 1892, p. 15, Pl. 3, f. 4; Ostenfeld in Schmidt, Koh Chang, p. 231, f. 8.

Novembre-décembre ; très rare.

Bacteriastrum Shadbolt, 1853.

B. varians Lauder, On new Diatoms. Transact. micr., Soc. London, 1864, p. 8, Pl. 3, f. 1-6; Van Heurck, Synopsis, Pl. 80, f. 3-5.

Pérennant, mais toujours très rare, sauf en février-mars.

B. elongatum Cleve, Treatise, 1897, p. 19, Pl. 1, f. 19.

Très rare, décembre, février; probablement introduit par les courants.

Chaetoceras Ehrenberg, 1844.

Ce genre important, si nombreux en espèces, a été l'objet de diverses tentatives de groupement systématique de la part de Gran [59] et d'Ostenfeld [101]. Quant à la révision des espèces solitaires, récemment entreprise par Lemmermann, elle ne semble pas appelée à un grand succès.

Nous suivrons ici l'ordre adopté par Gran dans son important mémoire sur les Diatomées arctiques [64].

I. *Subgenus* Phaeoceras *Gran*, 1897

Sectio Atlanticae Ostenfeld. — Néant.
Sectio Boreales Ostenfeld.

Ch. densum Cleve, Seasonal distribution, 1901, p. 299; *Ch. boreale var. Brightwellii pro parte* Cleve, Arctic Sea, Pl. 2, f. 7, b, c); *Ch. boreale var. densa* Cleve, Treatise, p. 20, Pl. 1, f. 3, 4.

Caractérisé par la faible dimension des fenêtres intercellulaires et par l'absence presque complète de piquants sur les cornes.

— **forma solitaria** nov. form. *Ch. boreale* Schuett, Pflanzenleben, p. 19, f. 5.

Cette forme à cellules solitaires, beaucoup plus fréquente que le type, correspond à *Ch. boreale forma solitaria* Cleve, Report Research, 1897, p. 299.

Pérennant, mais toujours rare, sauf en février.

Ch. peruvianum Brightwell, On filament, Diatoms, in Micr. Journ., 1856, Pl. 7, f. 16-18 et 1858, Pl. 8, f. 9, 10 ; Cleve, Report Research, p. 299, f. 7 ; *C. peruvianum var. robustum* Cleve, Java, Pl. 2, f. 8 ; *Ch. boreale* (?) Lauder in Transactions, 1863, Pl. 7, f. 7 ; *Ch. volans* Schuett, Berichte, 1895, Pl. 5, f. 20 ; *Ch. currens* Cleve, Report Research, p. 299, f. 8 ; *Ch. peruvianum var. gracile* Schroeder, Neapel, p. 29, Pl. 1, f. 5.

Cette espèce, remarquablement variable dans les dimensions des cellules et de leurs cornes, ne paraît manquer dans l'étang que pendant les mois de juillet et août ; elle n'est jamais abondante.

Ch. tetrastichon Cleve, Treatise, 1897, p. 22, Pl. 1, f. 7.

Schroeder observe que la plupart des échantillons sont accompagnés par un organisme animal enfermé dans une coque hyaline cylindrique et dont il n'a pu déterminer la nature [**121**, p. 30]. Cet organisme, que j'ai retrouvé en abondance, n'est autre que *Tintinnus inquilinus* O.-F. Mueller, figuré par Eug. Daday dans la figure 10 de la planche 18 de la Monographie des Tintinnoïdes ; la coque hyaline, ouverte aux deux extrémités, est représentée adhérant à un Chaetoceras dont l'identité avec *Ch. tetrastichon* n'est pas douteuse.

Le groupe des Tintinnoïdes est d'ailleurs représenté dans l'étang par un grand nombre de formes : *Tintinnus Fraknoi*, *T. inquilinus*, *Codonella ventricosa*, *C. campanulata*, *Tintinnopsis urnula*, *Cyttarocylis denticulata*, *C. cassis*, *Undella Claparedei*, *Dictyocysta elegans*, etc.

Se montre entre octobre et mai ; toujours très rare, sauf en novembre.

II. *Subgenus* Hyalochaete *Gran*, 1897

Ch. contortum Schuett, Berichte, 1895.

Dans sa révision des Diatomées arctiques (1904), Gran admet définitivement l'identité de *Ch. contortum* Schuett et *Ch. compressum* Schuett ibid., p. 43 (*fig.* 16, a, b). Il est probable que *Ch. subcompressum* Schroeder se ramène aussi à la même espèce qui serait alors le seul représentant de la section *compressae* d'Ostenfeld.

Décembre ; très rare.

Ch. curvisetum Cleve, Kanonbaaden Hauch's Togter, 1889, p. 55 ; *Ch. species* Schuett in Berichte d. d. bot. Ges., 1889, Pl. 14, f. 1-7 ; *Ch. secundum* Schuett, Pflanzenleben, p. 25, f. 19 ; *Ch. curvisetum* Cleve, Planktonundersökningar I, p. 12, Pl. 1, f. 5 ; Gran, Protophyta, p. 22, Pl. 2, f. 22 ; Pl. 3, f. 43.

Cette espèce, qui n'est pas signalée par Schroeder à Naples, est de beaucoup la plus répandue dans l'étang de Thau ; c'est elle qui, par sa prodigieuse abondance en octobre, et parfois en juin, devient absolument dominante et donne lieu aux maxima quantitatifs si élevés que nous avons mentionnés plus haut. Elle produit ses endocystes en toute saison, mais surtout en octobre. J'ai enfin observé en février une formation assez active d'auxospores identiques à celles que Schuett avait figurées naguère pour *Ch. medium* (?).

Pérennant.

Ch. decipiens Cleve, Arctic sea, 1873, p. 11, Pl. 1, f. 5 ; Gran, Protophyta, Pl. 1, f. 2, 3 ; Pl. 3, f. 34 ; Gran, Diatomeen des Planktons, p. 535, Pl. 17, f. 1-6.

Toujours peu abondant ; paraît manquer entre juin et novembre.

Ch. diversum Cleve, Java, 1873, p. 9, Pl. 2, f. 12 ; Van Heurck, Synopsis, Pl. 81, f. 5 ; *Ch. diversum var. tenuis* Cleve, Treatise, p. 21, Pl. 2, f. 2 ; *Ch. div. var. mediterranea* Schroeder, Neapel, p. 27, Pl. 1, f. 1.

Toujours présent entre octobre et mai ; maximum en décembre.

Ch. delicatulum Ostenfeld, Caspian Sea, 1901, p. 35, f. 5.

Chaînes toujours pauci-cellulaires ; cellules isolées fréquentes ; cornes linéaires, divergentes, délicates, extrêmement longues. Cette espèce, **Pl. 3, f. 5**, paraît intermédiaire entre *Ch. simplex* et *Ch. Wighamii*.

Assez abondante en août.

Ch. furca Cleve, Treatise, 1897, p. 21, Pl. 1, f. 10 ; Schroeder Neapel, p. 28, Pl. 1, f. 2 ; *Ch. sp.* Lauder in Transact., micr. Soc., 1864, p. 12, Pl. 3, f. 8 ; *Ch. messanense* Castracane, Contribuzione, 1875, p. 31, Pl. 1, f. 1 a.

De novembre à mai ; toujours très rare.

Ch. laciniosum Schuett, Berichte, 1895, p. 38, Pl. 4, f. 5 a, b ; Pl. 5, f. 5 c ; Gran, Protophyta, p. 17, Pl. 1, f. 4-7 ; *Ch. distans* Cleve, Planktonundersökningar, I, p. 14, Pl. 2, f. 2 ; *Ch. commutatum* Cleve, Planktonundersökningar, II, p. 28, f. 9 et 10, non 11.

Cette espèce est aussi bien caractérisée par ses grandes fenêtres rectangulaires que par ses endocystes abondants en septembre. Cleve représente [27] des endocystes (fig. 10, a, b, c), de forme très diverse, qu'il rapporte à la même espèce. On peut en effet observer dans un même filament des endocystes à valves dissemblables, dans leur situation originelle, et d'autres régulièrement ovales, ellipsoïdes, libres à l'intérieur des cellules ; cette forme arrondie est probablement secondaire, acquise à la suite de la libération des endocystes. **Pl. 2, f. 4.**

De juin à novembre ; maximum en août-septembre. C'est probablement à cette espèce que se rapporte le *Ch. distans*, signalé par H. Péragallo à Villefranche.

Ch. longicrure Ostenfeld and Schmidt, Red Sea, 1901, p. 154 ; *Ch. didymus var. longicruris* Cleve, Treatise, p. 21, Pl. 1, f. 11, 17.

Le dessin de Grunow, in Van Heurck, Synopsis nous paraît trop insuffisant pour autoriser la substitution de nom (*Ch. anglicum*), récemment proposée par Ostenfeld [**101**].

Les longues chaînes droites, linéaires de cette espèce sont très souvent tordues suivant l'axe des cellules.

De novembre à avril ; assez répandu.

Ch. Lorenzianum Grunow, Verhandl. k. k. z. bot. Ges. Wien, 1863, p. 157, Pl. 4, f. 13 ; Van Heurck, Synopsis, Pl. 82, f. 2 et 4 ; Cleve, Treatise, p. 21, Pl. 1, f. 13-15 ; *Ch. cellulosum Lauder*, 1864, p. 78, Pl. 8, f. 12.

Pérennant? toujours peu abondant.

Ch. Schuetti Cleve, Planktonundersökningar, I, 1894, p. 14, Pl. 1, f. 1 ; Schuett, *Gattung Chaetoceras* in Bot. Zeitg. 1888, Pl. 3, f. 2, 3 ; Gran, Protophyta, Pl. 2, f. 19, 20.

C'est probablement la même espèce qui a été décrite sous des noms différents, *Ch. affine* Lauder, *Ch. angulatum* Schuett, *Ch. procerum* Schuett, *Ch. distichum* Schuett et peut-être aussi *Ch. Willei* Gran.

Dans les produits d'une même récolte on trouve un mélange de formes répondant aux diagnoses de toutes ces espèces, y compris des chaînes à chromatophores bilobés, comme ceux de *Ch. distichum* Schuett, et d'autres avec cornes terminales symétriquement recourbées, comme celles de *Ch. affine* Lauder.

C'est à cette espèce que semble aussi se rapporter *Ch. angulatum* Schuett, généralement négligé par les auteurs, et que SCHROEDER mentionne comme extrêmement abondant à Naples, en octobre-novembre, c'est-à-dire à l'époque où *C. Schuettii* devient dominant dans l'étang de Thau.

Pérennant ? mais assez rare, excepté entre juillet et octobre, où il devient très abondant.

Ch. simplex Ostenfeld, Caspian Sea, 1901, p. 137, f. 8.

Cette petite espèce caractérisée par la très grande longueur et la disposition transversale de ses cornes délicates, n'avait été jusqu'ici observée que dans la mer Caspienne, en compagnie de *Ch. delicatulum* ; il est intéressant de les retrouver à l'autre extrémité de la Méditerranée, en abondance et parfaitement identiques. Dans *Ch. simplex*, le chromatophore unique est une plaque sagittale et non valvaire comme l'a annoncé OSTENFELD. **Pl. 2 f. 6, 7.**

De juillet à octobre ; assez abondant.

Ch. tortissimum Gran, Bemerkungen, 1900, p. 122, Pl. 9, f. 25.

Nous rapportons à cette espèce des chaînes stériles, droites mais toujours fortement tordues suivant l'axe de la chaîne, avec des fenêtres très étroites, presque linéaires, assez répandues pendant la période froide, entre novembre et avril.

Ch. Weisflogii Schuett, Berichte, 1895, p. 44, Pl. 4, f. 17 a ; Pl. 5, f. 17 b ; Cleve, Treatise, Pl. 3, f. 7, 8.

Les deux espèces anciennement décrites de cette série (*cylindricae* Ostenfeld), ne peuvent guère être différenciées que par leurs endocystes ; OSTENFELD a encore récemment créé une troisième espèce *Ch. Schmidtii*, dont les endocystes sont inconnus. C'est donc avec quelque doute que nous attribuons à *Ch. Weisflogii* une forme très abondante en diverses saisons et remarquable par ses très grandes dimensions (diamètre moyen, 35 μ) et son apparence particulièrement robuste. Il ne m'a pas été possible de trouver une seule fois des endocystes.

Pérennant ? très abondant entre juillet et octobre.

Ch. Wighamii Brightwell in Microsc. Jour., 1856, p. 108, Pl. 7, f. 19-36 ; Van Heurck, Synopsis, Pl. 82, f. 5 ; Gran, Protophyta, p. 27, Pl. 4, f. 50 ; *Ch. biconcavum* Gran, Protophyta, p. 27, Pl. 3, f. 46.

L'identification de cette espèce m'a été facilitée par l'abondance des endocystes formés en avril, et répondant rigoureusement aux dessins de Brightwell.

Mars-avril ; assez abondant.

Biddulphia Gray, 1831.

B. mobilensis Bailey, in Amer. Journ. of Sc., 1845, p. 336, Pl. 4, f. 24 ; Van Heurck, Synopsis, Pl. 101, f. 4 ; Pl. 103, f. A ; *B. Baileyi*, W. Smith, Synopsis II, p. 50, Pl. 45, f. 322 ; Pl. 62, f. 322 ; Péragallo, Diatomées marines, Pl. 97, f. 1-5.

Cette intéressante espèce, probablement méroplanktonique, a été l'objet d'observations extrêmement remarquables de la part de P. Bergon [7, 8.] Sans parler de l'existence de « microspores » dont toutes les propriétés seront sans doute bientôt connues, rappelons que l'auteur a pu suivre déjà en janvier 1903 le processus de formation des auxospores dont il nous promet une description complète ; afin de ne pas anticiper sur les droits de priorité ainsi acquis, je me contenterai de représenter **Pl. 3, f. 11,** une auxospore adulte, pour montrer simplement ses rapports de dimension avec la cellule-mère.

Cette diatomée apparaît en novembre ; elle produit ses auxospores avec activité en janvier, et disparaît en mai sans avoir été jamais abondante.

Cerataulina Péragallo, 1892.

C. Bergonii Péragallo, Rhizosolenia, 1892, p. 8, Pl. 1, f. 15, 16 ; Cleve, Planktonundersökningar, I, p. 11, Pl. 1, f. 6 ; Péragallo,

Diatomées marines, Pl. 10, f. 6, 7 ; Bergon, Etudes Arcachon, Pl. 2, f. 9-11.

Très variable dans ses dimensions longitudinales et transversales, cette espèce pérennante est une des plus constantes dans l'étang ; elle est plus rare en été qu'en hiver.

Hemiaulus Ehrenberg.

H. Hauckii Grunow in Van Heurck, Synopsis, Pl. 103, f. 10 ; Péragallo, Diatomées marines, Pl. 95, f. 6.

Nous avons pu constater avec Péragallo [**107**] que cette espèce est plus rare que la suivante ; elle est aussi plus tardive et n'apparaît guère qu'à partir de novembre ; elle se montre toujours en longues chaînes linéaires, droites, mais avec une forte torsion des cellules dans le sens de l'axe.

De novembre à mars.

H. chinensis Greville in Ann. and Mag. of Nat. Hist. XVI, 1865, p. 5, Pl. 5, f. 9 ; *H. Heibergii* Cleve, Java, p. 6, Pl. 1, f. 5 ; Péragallo, Diatomées marines, Pl. 4, f. 3-5.

Les cellules tantôt isolées, tantôt réunies en courtes chaînes d'un très petit nombre d'individus, sont presque toujours fortement recourbées en arc.

L'espèce apparaît vers le milieu de juillet et augmente ensuite d'une façon continue, devenant extrêmement abondante dans la première quinzaine de septembre.

J'ai eu l'occasion d'observer, le 15 septembre 1904, la formation des auxospores, inconnues jusqu'ici dans le G. *Hemiaulus*. Malgré les plus attentives recherches, les phases initiales du phénomène m'ont échappé, comme pour les auxospores de *Rhizosolenia Stolterfothii*, rencontrées le même jour.

Dans le stade le moins avancé, l'auxospore était déjà une volumineuse vésicule lenticulaire, fortement renflée au centre et limitée par un contour approximativement rectangulaire [**Pl. III, fig. 6**]. L'une des arêtes, convexe vers l'extérieur, est l'arête postérieure primitive servant de point d'attache aux deux segments de la cellule-mère, notablement écartés l'un de l'autre à la base, et plus ou moins divergents au delà. Ces tronçons appartiennent toujours à des cellules très longues et très étroites, ayant 7 à 8 μ en largeur, et que l'on peut considérer comme la forme limite de l'espèce. Ces deux tronçons entièrement décolorés ne contiennent plus qu'une sorte de cordon gélatineux résiduel, faiblement bleui par le bleu de méthylène. L'auxospore possède au contraire un contenu protoplasmique abondant, un volumineux noyau (6 à 7 μ) et de nombreux chromatophores étoilés appliqués contre la membrane.

Les trois autres arêtes de l'auxospore sont à peu près rectilignes ; aux deux angles antérieurs, elles s'infléchissent de manière à former deux protubérances coniques, courtes et obtuses qui demeurent le trait distinctif de l'auxospore.

Quant au bord postérieur convexe, il représente seulement un « perizonium » partiel, destiné à disparaître avec les tronçons vides qui s'y rattachent et dont l'adhérence est assez faible pour que l'un d'eux se sépare souvent de très bonne heure. Le protoplasme de l'auxospore, écarté de ce périzonium, élabore une nouvelle membrane destinée à compléter la paroi définitive de l'auxospore.

Cette membrane forme le quatrième bord, parallèle à l'arête antérieure, mais prolongé aux angles par deux cornes longues et étroites identiques aux cornes des cellules végétatives normales **Pl. 2, f. 2.**

Le spécimen le plus volumineux **Pl. 2, f. 8**, que j'aie pu observer, mesurait 55 μ de long sur 47 μ de large ; la largeur moyenne des auxospores est de 42 à 45 μ, et l'on trouve en abondance dans la même récolte des cellules végétatives larges et courtes, tout à fait conformes aux dessins de Cleve.

Mes recherches, reprises le lendemain 16 septembre, sur des matériaux frais, ne m'ont pas permis de retrouver la moindre trace du phénomène ; dès la fin de septembre, l'espèce est déjà beaucoup plus rare, et pendant l'hiver, on ne rencontre qu'exceptionnellement des cellules isolées ou réunies en très courtes chaînes.

B. — **Pennatae**

Striatella Agardh, 1832.

S. unipunctata Agardh. W. Smith, Synopsis, Pl. 39, f. 307 ; Van Heurck, Synopsis, Pl. 54, f. 9, 10 ; Péragallo, Diatomées marines, Pl. 81, f. 1.

Cette espèce, toujours plus ou moins abondante entre octobre et juin, n'est probablement pas une diatomée pélagique.

Thalassiothrix Cleve et Grunow, 1880.

Th. Frauenfeldii Grunow, in Cleve und Grunow, Arctische Diatomeen, 1880, p. 109 ; Van Heurck, Synopsis, Pl. 37, f. 11, 12 ; Castracane, Challenger, Pl. 14, f. 7, 8 ; Péragallo, Diatomées marines, p. 321, Pl. 81, f. 15.

Longueur moyenne, 180 μ ; aussi commune en étoiles que sous forme de chaînettes en zig-zag.

Pérennant ? très rare au printemps ; maximum en octobre-novembre.

Th. nitzschioides Grunow in Van Heurck, Synopsis, Pl. 37, f. 7 ; Gran, Diatomeen des Planktons, p. 543 ; *Th. curvata*, Castracane, Challenger, p. 55, Pl. 24, f. 6 ; *Thalassionema nitzschioides* Péragallo, Diatomées marines, p. 320, Pl. 71, f. 17, 18.

Longueur moyenne 55 μ. Moins répandu que la précédente.

Th. longissima Cleve und Grunow Arctische Diatomeen, 1880, p. 108 ; Péragallo, Diatomées marines, p. 321, Pl. 81, f. 14 ; *Synedra Thalassiothrix* Cleve, Arctic sea, p. 22, Pl. 4, f. 24.

Longueur, 1360 μ ; observé une seule fois en mars 1905.

Asterionella Hassall, 1855.

A. japonica Cleve in Cleve und Moeller, Diatoms, *exsiccata*, Upsala, 1878, nº 307 ; *Ast. glacialis* Castracane, Challenger, p. 50, Pl. 14, f. 1 ; *A. spathulifera* Cleve in Karaktaeristik af., etc., 1897.

Castracane donne encore dans les Diatomées du Challenger, p. 50, la description d'un *Asterionella spiralis*, qui est très probablement identique à notre espèce, dont la synonymie a été établie par Ostenfeld en 1900.

Cette diatomée paraît absente pendant la période estivale, de juin à septembre ; elle est très rare ensuite jusqu'en décembre, mais devient dominante dans les eaux froides entre janvier et avril.

Navicula Bory.

N. membranacea Cleve, Treatise, 1897, p. 24, Pl. 2, f. 25-28 ; Ostenfeld in Schmidt, Koh Chang VII, p. 245, f. 23.

J'ai rencontré, le 2 mars 1905, une chaîne de 5 cellules parfaitement vivantes, dont les chromatophores étaient disposés en deux plaques divergeant vers les angles de chaque cellule comme les branches d'une croix de Saint-André ; par dessiccation, la chaîne s'est dissociée en cellules parfaitement caractéristiques.

Auricula Castracane, 1873.

A. complexa de Toni, Sylloge II, p. 347 ; Péragallo, Diatomées marines, p. 193, Pl. 42, f. 14, 15 ; *Amphiprora complexa*, Gregory, Diat., of Clyde, p. 508, Pl. 508, Pl. 12, f. 62.

La systématique de cette espèce a été définitivement élucidée par H. Péragallo en 1888 [**107**].

Les indications données par Schuett in Engler-Prantl, Bacillariales, p. 134, f. 247, et par Joergensen [**71**, p. 26], sont erronées par suite de la confusion de cette espèce avec *Au. Amphitritis* Castracane. Les caractères différentiels ont été établis par Péragallo dans ses Diatomées de Villefranche (p. 85-89) et confirmés dans ses Diatomées marines (p. 193).

H. Péragallo signale l'extrême rareté des cellules entières ; cela provient sans doute de la vie semi-pélagique de cette espèce, que j'ai recueillie en abondance, en parfait état, dans mes pêches pélagiques de décembre 1903.

Plus ou moins fréquente pendant la période froide, entre novembre et mars.

A. insecta Cleve, Synopsis Nav. Diat., 1893, I ; p. 20. Péragallo, Diatomées marines, p. 194, Pl. 42, f. 16-18 ; *Amphora mucronata*, H.-L. Smith, Amer. Micr. Journ., 1878, p. 17, Pl. 3, f. 9 ; Péragallo, Villefranche, p. 42, Pl. 6, f. 48 ; Schmidt, Atlas, Pl. 40, f. 2, 3 ; *Amphora sp.* Hensen, 5er Bericht, Pl. 5, f. 51.

Plus fréquente et plus abondante que la précédente, cette espèce se montre régulièrement pendant toute la saison froide.

Bacillaria Gmelin.

B. paradoxa Grunow in Cleve and Grunow, Arctische Diatomeen, p. 85 ; Van Heurck, Synopsis, Pl. 61, f. 67 ; W. Smith, Synopsis II, Pl. 32, f. 279 ; Pl. 60 ; *Nitzschia paradoxa* Péragallo, Diatomées marines, p. 280, Pl. 72, f. 16.

Espèce d'eau saumâtre (*Pseudo-planktonform*) assez fréquente dans les troubles de l'étang.

Nitzschia Hassall, 1845.

N. seriata Cleve, Vega, p. 478, Pl. 38, f. 75, 1883 ; *Pseudonitzschia seriata* Péragallo, Diatomées marines, p. 300, Pl. 77, f. 28, 29 ; *Synedra Holsatiae* Hensen, 5er Bericht, p. 91, Pl. 5, f. 50 ; *Nitzschia fraudulenta* Cleve, Report Research, p. 300, Pl. 1, f. 11.

La synonymie a été établie par Gran in Diatomeen des Planktons (1904) ; Cleve considère *N. fraudulenta* comme une simple variété in Additional Notes, 1902 [**40**].

Pérennant ? maximum en juillet-août.

N. longissima Ralfs.

Cette espèce, représentée dans les pêches pélagiques par diverses variétés (*forma parva*, *var. closterium*, *var. reversa*, etc...), n'appartient pas au Plankton.

Surirella Turpin, 1827.

S. gemma Ehrenberg, 1840 ; W. Smith, Synopsis I, p. 32, Pl. 9, f. 65 ; Van Heurck, Synopsis, Pl. 74, f. 1-13 ; Schmidt Atlas, Pl. 24, f. 26, 27 ; Péragallo, Diatomées marines, p. 254, Pl. 68, f. 4.

Cette espèce, assez répandue dans les eaux froides, n'appartient probablement pas au Plankton.

Chlorophyceæ

Halosphaera Schmitz, 1879.

H. viridis Schmitz in Mitth. zool. Stat. Neapel, I, 1879, p. 67, Pl. 3 ; Gran, Das Plankton, p. 12-16, f. 10-15.

Plus ou moins abondante dans les eaux froides entre novembre et avril.

QUATRIÈME PARTIE

LE PHYTOPLANKTON ET LA NOMENCLATURE PHYTOGÉOGRAPHIQUE

La comparaison critique de nos diverses informations relatives à la présence individuelle de chaque espèce aux différents mois de l'année nous montre que les eaux de l'étang ne sont jamais complètement stériles. En toute saison, même dans les périodes de plus grande disette biologique, elles hébergent un certain nombre de formes dont la coexistence est nécessairement subordonnée à la satisfaction d'exigences spécifiques probablement variées.

Ce sont d'abord les espèces pérennantes, « which occur all the year round on our coasts » [JOERGENSEN, **73**], que nos filets recueillent sans interruption toute l'année, et qui sollicitent simplement l'attention par leurs variations quantitatives ou par la périodicité plus ou moins rigoureuse de leurs manifestations biologiques :

Leptocylindrus danicus.
Guinardia flaccida.
— *Blavyana.*
Rhizosolenia calcar avis.
— *Stolterfothii.*
— *imbricata.*
Chaetoceras curvisetum.
— *Lorenzianum.*
— *Schuettii.*
— *Weisflogii.*
Cerataulina Bergonii.
Thalassiothrix Frauenfeldii.
Nitzschia seriata.
Prorocentrum micans.
Ceratium furca.
— *fusus.*
— *gracile.*
Peridinium divergens.
Dinophysis acuminata.

A ce fonds commun et permanent s'ajoutent, suivant les temps et les circonstances, un lot plus ou moins nombreux d'hôtes temporaires d'un égal intérêt individuel, mais intervenant à des degrés divers dans la valeur physionomique de l'ensemble.

Les uns réduits à un nombre restreint d'individus, perdus en quelque sorte dans la masse et ne jouant qu'un rôle collectif subordonné ; les autres importants par le nombre, la taille ou par leur simple coexistence, capables d'imposer à la masse une empreinte spéciale, transitoire sans doute, mais caractéristique :

Halosphaera viridis.
Skeletonemn costatum.
Coscinodiscus.
Asterolampra marylandica.
Asteromphalus flabellatus.
Actinocyclus subtilis.
Lauderia sp.
Rhizosolenia robusta.
— *fragilissima.*
— *Shrubsolii.*
Bacteriastrum varians.
Chaetoceras densum.
— *peruvianum.*
— *tetrastichon.*
— *decipiens.*
— *diversum.*
— *delicatulum.*
— *laciniosum.*
— *longicrure.*
— *simplex.*
— *Whigamii.*
Biddulphia mobilensis.
Hemiaulus Hauckii.
Hemiaulus chinensis.
Thalassiothrix nitzschioides.
Spirodinium crassum.
Polykrikos auricularia.
Pyrophacus horologium.
Ceratium tripos.
— *arcuatum.*
— *symmetricum.*
— *curvicorne.*
— *macroceros.*
— *intermediu.*
— *contrarium.*
— *reticulatum.*
— *candelabrum.*
— *lineatum.*
Gonyaulax polyedra.
— *spinifera.*
Goniodoma acuminatum.
Diplopsalis lenticula.
Peridinium Steinii.
— *globulus.*
— *minusculum.*

D'autres enfin, visiteurs inaccoutumés, hôtes accidentels, dont la rencontre semblerait fortuite ou même déconcertante, s'il n'était possible de remonter encore au *régime hydrographique*, cause première toujours efficace qui subordonne l'étang à la Méditerranée dans sa biologie comme dans son équilibre physique.

L'apparition fugitive, souvent réduite à une seule observation, de certaines espèces dans les eaux de l'étang acquiert ainsi un intérêt spécial ; toujours simultanée, elle offre l'aspect d'une irruption collective de formes affines, assujetties à des exigences similaires.

Le 18 novembre 1904, le produit de notre pêche qualitative, très réduit dans son volume, se montre remarquablement riche en espèces diverses ; signalons en particulier :

Chaetoceras furca.
Asterolampra Grevillei.
Phalacroma doryphorum.
— *Jourdani.*
— *mitra.*
— *operculatum.*
Phalacroma vastum v. acuta.
Goniodoma armatum.
Podolampus bipes.
— *palmipes.*
Ceratocorys horrida.

Le 27 décembre, même surabondance, notons encore :

Ceratium heterocamptum.
— *azoricum.*
— *limulus.*
— *platycorne.*
Goniodoma armatum.
Podolampas bipes.
Oxytoxum tesselatum.
Phalacroma Jourdani.
— *mitra.*
— *porodictyum.*
— *vastum v. acuta.*
— *doryphorum.*
Histioneis magnifica.

s'ajoutant à la série déjà nombreuse des espèces habituellement présentes en cette saison.

Or, il est facile de reconnaître que cette sorte d'éclosion brusque, réitérée, d'une florule pélagique de richesse inusitée, est liée chaque fois à un apport considérable d'eaux méditerranéennes poussées dans l'étang par les bourrasques marines de la veille ou des jours précédents. Dès lors, c'est l'état biologique de la Méditerranée qui entre en jeu. N'oublions pas, en effet, que si les invasions marines de novembre et décembre ont toujours amené un contingent plus ou moins notable des mêmes espèces récoltées en 1903 et en 1904 avec un succès inégal, il en est tout autrement des nombreuses poussées d'eaux marines échelonnées pendant toute l'année en dehors de cette saison privilégiée ; celles-ci ne sont jamais accompagnées d'un cortège aussi complet, aussi expressif de formes pélagiques.

Le régime biologique de la Méditerranée peut être considéré comme inconnu ; tout au plus aurons-nous à tenir compte de quelques indications particulières fournies par la critique des documents systématiques [Schroeder, **121**, Cleve, **42**] et aussi de quelques inductions plus générales évidemment prématurées, suggérées [Schuett, **127**, Schroeder, **121**, Lohmann, **90**] par les affinités présumées de la Méditerranée avec l'Atlantique subtropical.

Tout est encore à faire dans cette voie, mais pour l'instant une question préjudicielle s'impose à nous par son caractère d'extrême urgence et par la commodité relative de sa résolution : il s'agit, en effet, de réaliser par simple consentement mutuel un accord international définitif autour d'un certain nombre de termes et de principes, code et vocabulaire scientifiques seuls capables d'harmoniser une foule d'œuvres diverses, précieuses à bien des égards, mais d'un maniement trop délicat en raison des divergences profondes des méthodes qui les inspirent.

Les premiers fondements de la généralisation scientifique dans le domaine de la Planktologie ont été posés par HAECKEL dans ses *Plankton-Studien*, publiées en 1890 comme réponse à divers mémoires [**68**, **69**] dans lesquels HENSEN avait annoncé et développé les méthodes nouvelles de dénombrement statistique qu'il jugeait indispensables à la solution des problèmes généraux de la biologie marine.

Un peu plus tard, en 1893, dans un travail très remarquable, *das Pflanzenleben der Hochsee*, Franz SCHUETT établit par de nombreux exemples la séduisante fécondité de ce nouveau domaine où l'investigation scientifique découvre chaque jour de nouvelles et curieuses particularités en rapport avec l'adaptation aux exigences spéciales de la vie pélagique. Nous y rencontrons aussi un premier essai de délimitation des domaines floristiques, c'est-à-dire une ébauche du partage géographique des grandes mers en fonction de leur population végétale.

Désormais, l'opinion est conquise ; de nombreux travaux vont être publiés, dans lesquels se manifestent et s'accentuent des tendances diverses, en même temps qu'ils précisent et approfondissent certaines faces de la question.

Impressionné par le caractère apparemment nomade de la plupart des formes pélagiques et par les concordances tant de fois observées de la nature des récoltes et du régime hydrographique dans les régions explorées, l'éminent chimiste et biologiste suédois P.-T. CLEVE pose, dès 1896, les bases d'une théorie *hydrodynamique* des migrations planktologiques. Elargissant sans cesse le cadre de ses observations, mais demeurant fidèle à son principe général, il publie successivement en 1897 [**29**, **30**], puis en 1900 [**37**] une série de mémoires de plus en plus compréhensifs où il accumule une masse énorme de faits répondant à des idées d'ensemble, résumées en 1901 dans une intéressante brochure [**43**] écrite en collaboration avec deux éminents hydrographes scandinaves, G. EKMAN et O. PETTERSON.

Dès le début, nous dit-il ailleurs [**41**], son « principal objet fut de déterminer quelles sont les espèces qui caractérisent les divers systèmes de courants océaniques, ainsi que leurs facteurs biologiques principaux, température et salinité ». Le rapprochement synthétique d'une multitude d'observations lui impose la conviction que « chaque système de courants transporte sa faune et sa flore planktonique particulières » (*l. c.*, p. 7). Le balancement périodique des courants lui apparaît comme la seule raison d'être, le véritable mobile, nécessaire et suffisant, des fluctuations éprouvées par la population planktonique d'une aire maritime quelconque. Chaque courant intervenant comme véhicule particulier d'une série de formes animales et végétales, répond à leurs exigences biologiques par ses qualités propres de température, salinité, etc...

La rigueur inflexible, évidemment trop absolue d'une telle conception s'adoucit de tous les tempéraments suggérés à l'auteur par le régime spécial des bandes littorales, et des zones intermédiaires limitrophes de deux courants distincts, collatéraux ou superposés, où s'effectue suivant les temps et les circonstances un mélange plus ou moins intime et plus ou moins durable des masses liquides d'origine diverse, accompagnées de leur population spécifique. Théorie séduisante, car elle permet de rattacher à un grand fait cosmologique général, comme par un lien de causalité dynamique, les modalités biologiques les plus variées, apparition, épanouissement, disparition, permanence, substitution, mélange des espèces, etc.

On ne saurait dès lors, en bonne justice, reprocher à Cleve d'avoir accentué par des retouches successives le caractère partiellement abstrait, systématique, de ses catégories. Sa conception ingénieuse, réduite à l'énoncé d'un rapport de subordination dont les limites seules sont discutables, avait en effet pour but essentiel de fournir à l'hydrographie, autant qu'à la biologie marine un élément d'information dont la validité est garantie par le consentement universel (Hensen, Haeckel, Schuett, Gran, Ostenfeld, Lohmann), et un moyen de contrôle réciproque dont l'efficacité n'est plus à démontrer, en dépit de l'inexpérience des opérateurs, de la primitive simplicité de l'outillage et des procédés rudimentaires réclamés par la mesure des températures, la détermination des salinités et l'inventaire microscopique des échantillons récoltés.

Sans doute, comme l'observe H.-H. Gran [**63**, p. 73], le groupement systématique de CLEVE manque de souplesse et ne saurait exprimer toujours avec précision les rapports actuels de coexistence des diverses espèces dans le même temps et la même localité. C'est le défaut commun qu'il partage avec tous les procédés de classement généraux fondés sur la considération exclusive de certains facteurs plus ou moins arbitrairement choisis. Leur incontestable commodité les impose cependant comme un instrument nécessaire dans l'énumération méthodique des unités spécifiques ; mais ils demeurent en dehors du domaine des réalités concrètes et ne sauraient être, sans précautions spéciales, affectés en bloc à l'expression immédiate des modalités naturelles.

D'ailleurs, des difficultés d'ordre général subsistent encore, dont CLEVE est bien éloigné de méconnaître ou de dissimuler la portée. Ainsi l'imperfection actuelle de nos connaissances, l'absence d'un critérium biologique constamment fidèle, réduisent souvent à la valeur de solution provisoire, empirique, issue de simples concordances géographiques, l'attribution de chaque espèce à l'une des catégories générales d'HAECKEL : « Il pourra être, observe CLEVE, dans bien des cas extrêmement difficile de déterminer si telle espèce doit être considérée comme *néritique* ou comme *océanique* (CLEVE, ibid., p. 7).

On n'est pas non plus fixé sur les limites de la *dérive* possible des organismes sous l'impulsion des courants, ni sur les conditions de survivance pélagique des organismes benthoniques, comme *Paralia sulcata*, *Bacillaria paradoxa*, *Nitzschia longissima*, *Striatella unipunctata*, *Auricula insecta*, *A. complexa*... et autres « *Pseudo-Planktoformen* », ou enfin des espèces méroplanktoniques, comme *Biddulphia mobilensis*, etc...

On ne saurait enfin négliger de tenir compte des effets de la pénétration réciproque de masses liquides d'origine différente, continentale, néritique, océanique, et surtout du transfert éventuel d'espèces *euryhalines* et *eurythermes* dans des eaux étrangères, où l'élasticité de leurs exigences leur permet de se maintenir plus ou moins longuement, comme dans une aire de dispersion naturelle, donnant alors, observe CLEVE, l'impression peut-être illusoire d'espèces « indigènes ».

Une dernière source de difficultés réside dans la nature même du sujet et dans la nouveauté des points de vue qu'il a suscités. La Planktologie est née d'hier ; comme toute science jeune, affranchie des entraves qui trop souvent paralysent l'essor de ses aînées, embarrassées par l'encombrant bagage des mentalités fossiles, des formules surannées, des procédés routiniers, elle a pu marcher à pas de géant. Mais engagée à la fois, sans accord préalable, en des chemins divers, elle n'a point tardé à éprouver les conséquences fâcheuses du défaut d'entente et de l'insuffisance d'organisation. Une certaine confusion a surgi, que risquaient d'aggraver les suggestions d'un zèle mal éclairé et les efforts d'une émulation louable, mais inconsidérée. Un temps d'arrêt était donc nécessaire pour enrayer le danger menaçant, coordonner, condenser, consacrer les résultats acquis, et préparer l'avenir par l'organisation du travail, c'est-à-dire par l'élaboration réfléchie d'une méthode générale d'investigation et d'expression susceptible de satisfaire à toutes les exigences futures, scientifiques, économiques ou philosophiques.

Dans un important ouvrage, *Das Plankton des norwegischen Nordmeeres*, qui marque l'effort synthétique le plus considérable réalisé depuis l'apparition des *Plankton-Studien* d'Haeckel, le biologiste norvégien H.-H. Gran a tenté de dresser le bilan actuel de la Planktologie dans un tableau d'ensemble où la valeur relative des résultats acquis dans les divers domaines est mise en relief d'une façon presque toujours heureuse, grâce à une documentation personnelle étendue et à un sens critique très avisé. Les observations judicieuses éparses dans les divers chapitres de ce beau mémoire [**63**] nous montrent qu'en dehors de l'insuffisance inévitable de nos connaissances, les lacunes et imperfections techniques de la Planktologie intéressent, d'une part, le vocabulaire et la nomenclature où abondent les obscurités et les contradictions, d'autre part, la critique des rapports biologiques et géographiques généraux entachés d'erreurs nombreuses ou même totalement méconnus.

Tout d'abord l'auteur dénonce avec raison les fâcheuses conséquences d'une terminologie trop relâchée, qui, vers les débuts de cette phase de remarquable fécondité scientifique, conduisit à l'emploi indifférent d'expressions diverses : *classe*, *formation*, *Plankton-type*, *association*, etc., affectées aux mêmes objets ou à des objets distincts dont on ne saisissait pas les différences.

Pour échapper à cette confusion, où chacun a sa part de responsabilité, l'auteur propose une solution un peu déconcertante à première vue, mais dont le caractère pratique apporte la justification. Le raisonnement est le suivant :

La notion des *Plankton-types* de Cleve, nette et précise à l'origine en raison de son extension restreinte, limitée à une aire géographique étroitement circonscrite, est devenue dans la suite, en se généralisant, plus ou moins ambiguë, soit à cause des applications abusives dont elle a été l'objet, soit en conséquence de l'évolution même des idées de son auteur. Gran a dès lors jugé avantageux d'offrir aux biologistes un nouvel instrument de travail leur permettant de dresser un inventaire rigoureusement méthodique des faits et formes observés, en introduisant dans la nomenclature planktologique le principe de la subordination des caractères, tant de fois justifié par l'excellence de ses résultats. La chose n'est point facile, il est vrai, à l'égard des organismes pélagiques dont nous connaissons tout au plus les formes extérieures sans avoir pu généralement pénétrer jusqu'ici le secret de leur évolution individuelle et de leurs modalités biologiques ; aussi nos déductions auront-elles parfois une valeur provisoire, car l'analogie demeure trop souvent le seul critérium de nos décisions.

Sous le nom de *Plankton-elements* l'auteur entend créer des catégories rationnelles, des groupes méthodiques susceptibles d'embrasser toutes les formes possédant en commun une certaine somme d'attributs dont il convient d'abord de déterminer la nature et la subordination. A cet égard le choix n'est pas grand, pour les raisons déjà énoncées, et l'on est toujours ramené en dernière analyse aux mêmes arguments biologiques et géographiques, c'est-à-dire, sous une forme simplement amendée, aux déterminants dynamiques et physico-chimiques de Cleve.

Dans la subordination des caractères le rôle dominateur appartient, selon l'auteur, aux rapports plus ou moins nécessaires des organismes pélagiques avec les bas-fonds du littoral. La répartition des espèces en *néritiques* et *océaniques* occupe ainsi le premier plan. Rien de plus logique, en vérité, car les convenances biologiques ainsi manifestées sont d'ordre essentiellement spécifiques : elles appartiennent en propre à la race comme l'empreinte régulièrement transmise d'antécédents héréditaires ; exigences dominatrices, parce qu'elles interviennent comme un cadre limitatif dans le jeu des facteurs divers de l'extension territoriale (agents externes, adaptation, etc.).

Pour affermir cette base, l'auteur est obligé d'attribuer aux deux termes un sens rigoureux, exclusif, qu'ils n'avaient pas encore. Sont désormais seuls *néritiques* les organismes dont les affinités littorales se manifestent par la nécessité d'un contact plus ou moins prolongé avec le substratum solide des eaux correspondantes, durant un stade déterminé de l'évolution individuelle ou pendant une phase plus ou moins périodique du cycle général de la végétation. La notion de formes néritiques se confond ainsi avec celle d'espèces *méroplanktoniques*, également établie par HAECKEL ; celle-ci est désormais superflue. L'auteur norvégien y consent d'autant plus volontiers que cet expédient lui paraît seul susceptible d'éliminer le caractère arbitraire de l'ancien critérium purement géographique, et dès lors empirique, tant de fois mis en défaut par la rencontre réitérée de formes océaniques, néritiques (*sensu primo*), ou même benthoniques dans des eaux différentes, étrangères à leur habitat normal.

Sans doute le progrès ainsi réalisé demeure tout en surface et semble se réduire à une question d'étiquette, mais n'oublions pas qu'il s'agit avant tout de perfectionner la nomenclature. Il est réservé à des recherches ultérieures, patientes et délicates, comme celles qui ont déjà fourni de si fructueux résultats à P. BERGON, dans l'étude de *Biddulphia mobilensis*, d'asseoir sur des bases désormais inébranlables et définitives le classement systématique des organismes pélagiques.

Un grand nombre d'espèces, dont la biologie nous est presque totalement inconnue, ont été ainsi provisoirement rangées par GRAN parmi les formes néritiques. Selon toute vraisemblance, *Asterionella japonica*, *Skeletonema costatum*, *Thalassiothrix Frauenfeldii*, *Leptocylindrus danicus*, *Corataulina Bergonii*... et tant d'autres, sont dans ce cas ; mais il faut bien reconnaître que nous n'en possédons d'autres indices que des informations purement géographiques, arguments de second ordre, dont l'auteur a justement relevé le caractère arbitraire et empirique (*l. c.*, p. 76).

Ces documents sont fournis par la distribution géographique. Ici l'opinion de l'auteur, déjà exprimée par lui en diverses occasions [**61**, p. 57], s'écarte notablement de celle de Cleve et mérite une attention spéciale.

Loin de considérer en effet tous les organismes pélagiques comme de perpétuels nomades, n'ayant d'autre patrie que le véhicule indéfiniment mobile de leurs pérégrinations, Gran croit à l'existence d'un foyer naturel, d'un centre originel de dispersion particulière à chaque espèce. Autour de ce point l'espèce est susceptible de rayonner sur une aire plus ou moins étendue, limitée en dernier ressort par l'élasticité de ses capacités adaptationnelles. Dans ces bornes infranchissables, les variations plus ou moins périodiques de l'aire de chaque espèce sont largement subordonnées à l'influence des agents extérieurs. A cet égard, le rôle prépondérant paraît appartenir au facteur *température*, d'autant plus efficacement qu'il tient en somme sous sa dépendance le régime général des courants, agents mécaniques auxquels ne peuvent guère échapper des organismes livrés par définition aux caprices des eaux.

La délimitation en latitude acquiert ainsi une importance indiscutable, et le groupement en espèces arctiques, boréales, tempérées, tropicales, s'impose aussi naturellement que dans le système de Cleve.

Les présomptions d'*indigénat*, suggérées par Gran pour beaucoup d'espèces s'appuient sur des considérations diverses telles que la permanence ou du moins la stabilité prolongée dans le séjour, qui rendent fort problématique l'apport incessant de germes ou d'individus nouveaux, venus d'ailleurs pour remplacer ceux qui évoluent ou qui disparaissent.

Il paraît difficile de refuser une telle qualité aux espèces méroplanktoniques, que diverses nécessités biologiques rendent étroitement solidaires du substratum solide des eaux régionales qu'elles envahissent aux époques de puissant épanouissement végétatif.

La population pélagique d'une circonscription géographique déterminée est donc représentée à chaque instant par un mélange plus ou moins complexe d'espèces indigènes en leur état actuel, avec une proportion variable d'espèces *allogénétiques* d'origine diverse selon les temps et les lieux, hôtes temporaires assujettis à des conditions plus ou moins précaires, et susceptibles d'évoluer dans une certaine mesure, suivant leurs exigences respectives et l'éloignement de leur patrie originelle.

Les espèces allogénétiques auraient ainsi dans la flore pélagique, mais sous une forme plus régulière, quasi automatique, un rôle analogue à celui des espèces adventices dans la végétation continentale.

En résumé, les *Plankton-types* de Cleve et les *Plankton-elements* de Gran possèdent, en dépit de leurs réelles divergences, une part de supériorité à peu près égale sur tous les groupements systématiques usuels, entièrement abstraits et artificiels. Par la nature même des principes qui les inspirent, migrations hydro-dynamiques plus ou moins continues dans un cas, concordance plus ou moins parfaite des aires de dispersion dans l'autre, ils offrent une part avantageuse de vérité objective. Mais fondés sur la dissociation analytique d'un nombre restreint de facteurs, ils comportent aussi une trop large part d'arbitraire. Dans leur sécheresse abstraite et leur rigueur schématique, ils ne sauraient donner qu'une image imparfaite, insuffisante, déformée, des réalités concrètes.

L'imperfection de nos connaissances et le caractère nettement subjectif, artificiel et provisoire des diverses applications déjà tentées de ces principes, nous dispensent d'entrer ici dans le détail et d'ébaucher à notre tour un groupement tout aussi problématique des unités spécifiques rencontrées dans nos récoltes.

Reste la question des *formations* et des *associations*.

Dans une très courte phrase, où l'embarras régnant est bien visible, Gran nous rappelle, en 1900, que Cleve (1897), et Ostenfeld (1899) ont déjà établi « des *plankton-types* ou des *associations planktoniques* qui caractérisent les diverses régions de l'océan pendant certaines saisons » [**61**, p. 56.] Il répète en 1902 : « Nous avons préféré (Hjort et Gran, 1899), interpréter les *Types* comme des Associations d'espèces qui se montrent régulièrement ensemble, et qui caractérisent certains courants dans certaines périodes de l'année ».

« ... Sur une telle base, la répartition devient purement empirique ; elle ne comprend aucune hypothèse relative à l'origine de chaque espèce, ou à celle de la couche liquide tout entière avec ses organismes, mais elle peut fournir un bon moyen auxiliaire pour caractériser brièvement le Plankton d'un domaine déterminé, dans une certaine période, en évitant une longue description ». [**63**, p. 73].

Cette dernière observation est parfaitement juste, s'appliquant aux *Associations* (Communities, Genossenschaften), distinguées par GRAN lui-même ou par OSTENFELD [**77**, **78**] ; mais nous ne pouvons accepter sans réserves l'assimilation ainsi établie entre ces associations et les *Plankton-types* de CLEVE, dont nous reconnaissons, avec l'auteur lui-même, le caractère abstrait.

D'autre part, l'éminent biologiste suisse, C. SCHROETER, est sans doute après HAECKEL l'un des premiers qui aient entrepris sur documents personnels, l'étude synthétique du Plankton, envisagé comme *pflanzengeographische Formation*.

Ses idées particulières, trop brièvement exprimées à l'origine [**122**, p. 48], se sont complétées et précisées dans le beau mémoire récemment paru comme deuxième et dernière partie botanique de la monographie du Lac de Constance (Die Vegetation des Bodensees, Zweiter Theil, 1902).

Le *limnoplankton* végétal est considéré comme une *formation*, que l'auteur identifie aussi avec une des *Vereins-Klassen* de Warming, acceptant d'ailleurs d'une manière générale l'équivalence de ces deux termes : « La *Vereinsklasse* correspond à notre notion de *formation*... Un grand nombre des « Vereinsklassen » de Warming peuvent être directement désignées comme *formations* » (*l. c.*, p. 74).

Qui ne se sentirait gêné devant les incertitudes d'un vocabulaire dont la Planktologie est d'ailleurs loin d'être seule à souffrir ?

Les tares fondamentales de la nomenclature phytogéographique ont été dénoncées par Ch. FLAHAULT dans un court, mais substantiel mémoire présenté au Congrès de botanique de 1900. Dans une réimpression parue en 1901 à Montpellier, l'auteur a effectué quelques retouches destinées à préciser et simplifier quelques détails, mais le cadre est resté le même.

Dans l'intention de mettre un terme à la confusion grandissante qui menaçait de stériliser à bref délai l'effort scientifique des phytogéographes, Ch. FLAHAULT a voulu amorcer l'œuvre nécessaire de l'unification par un plan général de recherches et d'exposition permettant de coordonner les résultats acquis devenus ainsi comparables.

Que le but ait été atteint d'emblée avec un égal bonheur dans toutes ses parties, l'auteur lui-même ne l'a point pensé et nous n'en voulons pour témoignage que le malaise évident des travaux qui en ont été trop étroitement inspirés [HARDY **66**, BLANC **9**, **10**].

L'expédient proposé, l'établissement des *Unités géographiques* et des *Unités biologiques* est cependant très rationnel ; il étend simplement à l'étude de la végétation, c'est-à-dire aux groupements naturels les procédés déjà consacrés dans l'étude rationnelle des Espèces, où la diagnose systématique doit être complétée par une diagnose géographique comportant la connaissance de l'aire d'extension, de la station et de la forme biologique.

On ne saurait donc élever d'objections contre la légitimité du principe des *unités géographiques* affectées à la coordination des aires naturelles plus ou moins vastes entre lesquelles se répartit la végétation du globe. Sous quelque forme qu'on les traduise, les termes proposés, Région, Domaine, Secteur, District, constituent un système homogène où la valeur relative se réduit de plus en plus à chaque degré, mais dont le sens géographique demeure toujours aussi réel, susceptible d'être représenté sur une *Carte* par une circonscription territoriale plus ou moins étendue.

Par contre, les réserves les plus sérieuses s'imposent à l'égard des *Unités biologiques*. A défaut de définition précise, les applications qui en ont été développées par l'auteur montrent qu'elles devraient avoir au moins une double valeur : valeur *descriptive*, exprimant un effet de masse, un aspect collectif, une modalité physionomique du paysage ou du tapis végétal ; valeur *dynamique*, exprimant un rapport de causalité ou de concordance formelle entre la physionomie naturelle du groupement végétal et l'influence combinée des conditions ambiantes ; elles auraient ainsi leur fondement et leur justification dans le domaine des réalités concrètes.

En donnant pour base exclusive à tout son système la notion concrète des *associations végétales*, l'auteur espérait sans doute avoir satisfait à cette dernière exigence, évidemment capitale. Nous ne pensons pas qu'il ait pleinement réussi, précisément parce qu'il a voulu poursuivre en même temps l'identification de ses propres unités avec des termes préexistants issus de préoccupations toutes différentes.

Une *association végétale* est, comme on sait, un groupement spontané, un peuplement naturel où les unités spécifiques, généralement étrangères les unes aux autres, vivent côte à côte, avec le profit exclusif de chacune pour objet, mais où des formes biologiques très différentes peuvent être juxtaposées et même subordonnées entre elles, suivant la diversité des exigences satisfaites par les conditions du milieu modifié ou non par les organismes concourants.

Le modeste peuplement végétal d'un caillou submergé, d'une écorce humide, d'un éboulis est donc une association naturelle aussi nettement individualisée que le substratum qui en est la station.

La riche végétation continentale qui porte dans son type de végétation l'empreinte du climat méditerranéen n'est aussi, en dernière analyse, qu'une puissante association végétale dont la région méditerranéenne représente la station.

Tel est aussi le sens que C. SCHROETER a réservé dans son vocabulaire au terme équivalent « Pflanzengesellschaft », traduction littérale de l'expression française.

« Je propose comme expression la plus générale, susceptible de désigner les individualités de rang le plus inférieur, aussi bien que celles de rang le plus compréhensif, le terme « Pflanzengesellschaft ».

... « Ce terme doit pouvoir exprimer aussi bien un simple « Einzelbestand » déterminé, que la conception la plus générale de la Forêt par exemple » (*l. c.*, p. 66).

On ne saurait trop louer la prudence et l'habileté avec lesquelles C. SCHROETER a voulu sauvegarder l'unité, la pureté et l'indépendance de cette notion, la mettant ainsi à l'abri de toute dépréciation, de toute présomption de relativité inséparable d'une hiérarchie ou d'une gradation quelconque. Mais que n'a-t-il observé la même discrétion à l'égard du vocabulaire français !

Sans doute, comme le suggère SCHROETER, tout « Einzelbestand » est une *association locale*, mais simplement parce qu'il représente une « Pflanzengesellschaft » au sens le plus précis du mot. En comparant les textes on voit que la somme des attributs déterminatifs est la même dans les deux cas (*l. c.*, pp. 66 et 70). Leur diagnose respective exige en effet l'introduction d'une notion géographique de localité, et dans les deux cas cette notion a la valeur d'un déterminant caractéristique ; les textes sont formels :

« Une *Pflanzengesellschaft* est en première ligne un phénomène topographique, localisé ; elle consiste dans l'ensemble de la population d'une *localité* déterminée... » (*l. c.*, p. 66)... « Nous désignons sous le nom de *Einzelbestand*, une *Pflanzengesellschaft* déterminée évoluant collectivement dans une station déterminée et dans une *localité* déterminée » (*l. c.*, p. 19).

Cette unité primordiale, élémentaire, encore appelée « Formations-Individuum » ou « Bestandes-Individuum » par l'auteur, a son fondement dans la nature végétale dont elle exprime le partage et le groupement spontané. Elle est même la *seule* réalité concrète du système synécologique de SCHROETER. Tous les termes supérieurs, de par la volonté réfléchie de l'auteur, sont des groupes systématiques, des unités collectives (*Sammeleinheiten*), des catégories abstraites, fondées sur la considération exclusive de certains caractères, de moins en moins nombreux, mais de plus en plus généraux.

Le plus modeste de ces échelons, le *Bestand* n'est déjà plus un fait naturel, une réalité concrète, puisque pour l'obtenir il faut faire abstraction de la localisation géographique (oertliche Lage) des « Bestandes-Individuen » qui le composent. La proposition faite par SCHROETER de réserver dans le vocabulaire français le terme essentiellement concret d'*association* pour cette première catégorie abstraite est inacceptable. Dans le sens restreint où l'auteur voudrait l'employer, le terme *Bestand* est intraduisible.

Ceci dit, on ne peut que s'incliner devant l'ordonnance irréprochable, la coordination parfaite, la logique rigoureuse du système *synécologique*. L'importance du critérium physionomique choisi comme principe directeur s'y dégage avec une netteté croissante des éléments secondaires d'appréciation, à mesure que l'on s'élève des termes inférieurs aux termes supérieurs de la série ; à ce titre il représente une application très heureuse des principes linnéens de la systématique.

Mais nous avons alors quelque droit de penser qu'il ne répond pas entièrement aux intentions de l'auteur qui s'était donné pour objectif de fournir un instrument de travail au Phytogéographe opérant dans la Nature : « Dans l'uniformisation de la nomenclature phytogéographique, il s'agit en première ligne... de créer un système pour la synékologie descriptive... à l'usage du Phytogéographe travaillant sur le terrain » (*l. c.*, p. 68). On hésite à accorder à ce point de vue toute sa confiance à un procédé de classement qui oblige le naturaliste à faire abstraction de plus en plus complète de la Nature, en éliminant systématiquement toute considération relative à la *localisation géographique* (*Bestand*), à la *Flore* (*Formation*), à la *Station* (*Vegetations-typus*). Bizarre éducation, étrange discipline en vérité pour un Naturaliste !

Unités écologiques (WARMING), *Unités biologiques* (FLAHAULT), *Unités physionomiques* (SCHROETER), peuvent se donner la main, dans le domaine de l'abstraction. Pénétrées de l'esprit linnéen, elles comportent toutes une part d'arbitraire qui les écarte de la Nature, mais leur permet de revendiquer leur place dans l'arsenal systématique, à côté des *Plankton-elements de* GRAN et des *Plankton-types* de CLEVE.

Il existe, de par le monde, une infinité d'associations végétales (*Einzelbestände*), géographiquement localisées. Du reste, dans la Nature, il n'y a pas autre chose, de sorte que, suivant la forte expression d'Alex. de HUMBOLD, l'étude de l'association locale des végétaux sous les différents climats demeure l'objet tout entier de la Géographie botanique. Considérée comme la synthèse d'un faisceau déterminé de tendances, d'efforts, d'exigences individuelles, l'association végétale (*Pflanzengesellschaft*) est encore l'expression définitive de la concurrence vitale et de l'adaptation au milieu, dans le groupement des espèces ; elle est l'unique solution concrète d'un des problèmes les plus délicats de la Philosophie naturelle.

Si l'on en juge par le nombre des attributs judicieusement discernés par SCHROETER dans la notion d'association végétale, on conçoit qu'il puisse être souvent très difficile d'arriver à la connaissance intégrale de ces groupements. Elle suppose en effet :

1° La délimitation de l'aire de sa localisation géographique (*critérium topographico-géographique*) ;

2° La détermination complète de ses éléments floristiques dans leur état actuel et dans leurs antécédents (*critérium historico-systématique*) ;

3° La critique rigoureuse des formes biologiques (Lebensformen) dans leur valeur propre et leur subordination (*critérium écologico physionomique*) ;

4° L'analyse approfondie de la Station et de ses déterminants essentiels et secondaires (*critérium écologique externe*).

Il est bien clair que dans la très grande majorité des cas, nous sommes encore fort loin de posséder l'ensemble des documents nécessaires pour qualifier et caractériser les association végétales.

Les notions acquises, plus ou moins fragmentaires, nous permettent alors, dans certains cas, de formuler quelques conclusions provisoires, quelques résultats partiels, avantageux surtout au point de vue du classement méthodique de ces connaissances incomplètes.

Nous pouvons ainsi considérer comme définitivement établi le partage général de la végétation mondiale en grandes régions naturelles déterminées avant tout par des facteurs météorologiques ou climatiques. Dans certaines d'entre elles, le travail est même assez avancé pour qu'il nous soit possible de délimiter les aires de moindre importance (domaines, secteurs, districts). Mais cela n'est pas vrai pour la végétation marine et particulièrement pour le Plankton. Sans doute le dénombrement des espèces est à peu près achevé dans quelques localités privilégiées, mais nous ne savons presque rien des exigences biologiques de ces espèces. Une cause supplémentaire de difficultés réside dans la réalité indéniable des migrations hydrographiques, dans l'expansibilité des aires de dispersion, dans le mélange éventuel des formes indigènes et allogénétiques.

Il est donc prématuré de désigner avec Ostenfeld, Gran, etc., sous le nom d'associations végétales les groupements d'espèces pélagiques qui, chaque année, s'établissent dans une aire géographique déterminée pendant une phase plus ou moins longue, et que d'autres remplacent plus tard, suivant une périodicité plus ou moins régulière.

On ne peut davantage s'associer aux vues synthétiques de Gran qui, dans le seul bassin limité des mers norvégiennes, ne distingue pas moins de 4 à 5 *régions* naturelles, juxtaposées ou superposées, différenciées par des notions fournies par les *Plankton-elements*, l'indigénat, les aires de dispersion, etc.

A défaut d'une connaissance complète et synthétique des Associations, retardée par les lacunes de la documentation géographique et floristique, il reste encore une ressource. On peut se contenter, à titre provisoire, d'une étude plastique, purement extérieure des groupements naturels envisagés dans leur architecture générale et dans ses rapports avec les conditions ambiantes ; étude relativement facile (SCHROETER, *l. c.*, p. 68), car elle a simplement pour but de dégager l'élément représentatif, la *physionomie* générale du groupement végétal. Ce point de vue spécial ne saurait être considéré que comme un démembrement artificiel de la notion d'association.

Lorsque dans un ensemble végétal naturel nous éliminons volontairement toutes les considérations relatives à sa localisation géographique et à sa composition floristique, il ne peut plus être envisagé que comme *groupement physionomique* : c'est alors qu'il nous apparaît comme une **formation**.

L'erreur primordiale qui pèse si lourdement sur la nomenclature phytogéographique et autour de laquelle se sont accumulées tant d'inconséquences et de contradictions, se trouve dans la définition première posée par GRISEBACH en 1838 : « Ich moechte eine Gruppe von Pflanzen die einen abgeschlossenen physiognomischen Charakter traegt, wie eine Wiese, ein Wald, u. s. w. eine pflanzengeographische Formation nennen ».

Combien de fautes auraient été évitées par une simple transposition des termes, par une rédaction moins compréhensive telle que celle-ci : « On appelle *formation* toute physionomie caractéristique réalisée dans un groupement végétal individualisé, sous l'influence déterminante des conditions ambiantes ».

Du jour où le terme *formation* était affecté à la désignation globale, synthétique, des groupements naturels, la nomenclature phytogéographique se trouvait atteinte d'un vice essentiel, la *synecdoque* des grammairiens ; la partie était dorénavant prise pour le tout.

L'attribut *formation* étant simplement le *critérium physionomique* d'une association (*Pflanzengesellschaft*), qui en possède au moins trois autres, il est clair que de nombreuses associations différenciées par quelque autre critérium, le critérium floristique par exemple, pourront avoir en commun le même critérium physionomique, offrir ainsi le même aspect, se présenter comme une même formation.

Mais combien ce point de vue est éloigné de celui des auteurs qui prétendent faire d'une formation l'équivalent d'un « *groupe-*

d'associations », ou encore s'élever à la formation, terme supérieur par un démembrement artificiel et un classement abstrait des associations naturelles ! Loin de pouvoir y suffire, la reconnaissance des formations représente seulement un fragment de la vérité ; elle est une forme d'attente, une étape provisoire, un résultat partiel, exact sans doute, mais incomplet, insuffisant, destiné à se fusionner, s'additionner avec d'autres, dans la synthèse définitive, l'œuvre achevée qui est l'association végétale.

Voilà quelle est notre situation à l'égard du Plankton.

Depuis Haeckel, en 1890, nous n'avons réalisé aucun progrès notable dans la voie de la généralisation phytogéographique, et les auteurs ont presque inutilement dépensé leur activité dans des combinaisons systématiques toutes plus ou moins entachées d'arbitraire.

A peine sommes-nous en état d'ajouter quelques éclaircissements biologiques aux termes ingénieusement physionomiques imaginés par Haeckel « *monotones oder polymiktes Plankton* ». Cette caractéristique générale où le Phytoplankton marin nous apparaît avant tout comme un ensemble physionomique, c'est-à-dire comme une « **formation** » s'est enrichie en effet de quelques éléments nouveaux fournis par le jeu plus ou moins régulier des variations quantitatives et qualitatives dont les causes commencent à être entrevues à la suite des recherches de K. Brandt [**13**, **14**], de Gran [**63**], d'Ostwald **103**, **104**], de Joergensen [**73**], etc. Mentionnons enfin les faits nouveaux relatifs aux péripéties individuelles de quelques espèces dont l'histoire a pu être serrée de plus près, grâce aux découvertes de Schuett, Gran, Bergon, Karsten, etc...

Nous pouvons ainsi ébaucher la description provisoire d'un plankton végétal nuancé dans sa physionomie par l'intervention de quelques éléments secondaires, décomposé ainsi en *Sous-formations* plus ou moins naturelles, chronologiquement enchaînées dans un ordre plus ou moins régulier, suivant le cours des temps et le caprice des évolutions individuelles.

LISTE CHRONOLOGIQUE

DES PRINCIPALES SOUS-FORMATIONS PHYTOPÉLAGIQUES OBSERVÉES DANS L'ÉTANG DE THAU.

L'évolution périodique du Phytoplankton dans l'étang de Thau peut être provisoirement résumée à grands traits dans un certain nombre de tableaux représentant les diverses « sous-formations » plus ou moins naturelles dont l'individualité nous a paru assez nettement établie. Les espèces y seront énumérées dans l'ordre de notre catalogue systématique ; leur fréquence relative dans chaque sous-formation, sera indiquée selon l'usage en plusieurs degrés auxquels il importe de n'attribuer qu'une confiance limitée :

cc très commun (dominant).
c commun.
p assez répandu, ni rare, ni commun.
r rare.
rr très rare.

1. — Costato-japonica sub-formatio

Asterionella japonica. — *Skeletonema costatum*

Fin janvier à fin mars.— Températures extrêmes $+5^{\circ}$, $+12^{\circ}$.

Dinobryon mediterraneum	p	*Ceratium limulus*	rr
Dictyocha fibula var. messanensis.	rr	— *macroceros*	rr
Prorocentrum micans.	p	— *intermedium*	rr
Ceratium tripos	rr	— *contrarium*	rr
— *arcuatum*	rr	— *reticulatum*	rr
— *gracile*	rr	— *platycorne*	rr
— *symmetricum*	rr	— *candelabrum*	rr
— *curvicorne*	rr	— *furca*	r

Ceratium lineatum	rr	*Chaetoceras densum var. solitaria*	p
— *fusus*	r	— *peruvianum*	r
Diplopsalis lenticula	rr	— *tetrastichon*	rr
Peridinium divergens	r	— *curvisetum*	c
— *minusculum*	p	— *decipiens*	p
Oxytoxum scolopax	rr	— *diversum*	rr
Dinophysis acuminata	rr	— *furca*	rr
— *armata*	rr	— *longicrure*	r
Skeletonema costatam	cc	— *Schuettii*	p
Coscinodiscus oculus iridis	r	— *tortissimum*	r
— *radiatus*	rr	— *Weisflogii*	rr
Lauderia annulata	p	*Biddulphia mobilensis*	p
— *delicatula*	r	*Cerataulina Bergonii*	c
Leptocylindrus danicus	r	*Striatella unipunctata*	p
Guinardia flaccida	r	*Asterionella japonica*	cc
Guinardia Blavyana	r	*Thalassiothrix Frauenfeldii*	c
Rhizosolenia calcar avis	r	— *nitzschioides*	r
— *Stolterfothii*	r	— *longissima*	rr
— *Shrubsolii*	r	*Navicula membranacea*	rr
— *imbricata*	r	*Auricula complexa*	rr
— *robusta*	r	*Surirella gemma*	r
Bacteriastrum varians	c	*Halosphaera viridis*	r
Chaetoceras densum	p		

II. — Whigamii sub-formatio

En avril, il peut se produire un léger changement floristique déterminé par la disparition complète de certaines espèces, et par la prépondérance numérique de *Chaetoceras Whigamii* ; mais l'autonomie de cette phase de végétation ne pourra être établie qu'après de nouvelles recherches.

III. — Curviseto-spinifera sub formatio

Chaetoceras curvisetum. — Gonyaulax spinifera

Fin avril-fin juillet. — Températures extrêmes + 16°, + 28.

Prorocentrum micans	p	*Ceratium curvicorne*	rr
Pyrophacus horologium	p	— *macroceros*	rr
Ceratium tripos	r	— *contrarium*	rr
— *arcuatum*	rr	— *reticulatum*	rr
— *gracile*	rr	— *candelabrum*	rr
— *symmetricum*	rr	— *furca*	c

Ceratium lineatum	rr	*Bacteriastrum varians*	rr
— *fusus*	c	*Chaetoceras peruvianum*	rr
Gonyaulax polyedra	c	— *tetrastichon*	rr
— *spinifera*	cc	— *curvisetum*	cc
Diplopsalis lenticula	p	— *diversum*	r
Peridinium divergens	c	— *laciniosum*	p
Peridinium Steinii	cc	— *Lorenzianum*	p
Dinophysis acuminata	r	— *Weisflogii*	p
— *homunculus*	rr	*Biddulphia mobilensis*	rr
Leptocylindrus danicus	p	*Cerataulina Bergonii*	p
Guinardia flaccida	r	*Striatella unipunctata*	p
— *Blavyana*	r	*Asterionella japonica*	rr
Rhizosolenia calcar avis	p	*Auricula complexa*	rr
— *Stolterfothii*	c	*Nitzschia seriata*	p
— *imbricata*	c		

Cette période offre au point de vue quantitatif une très grande inégalité d'une année à l'autre. En 1903, par exemple, il s'est produit une poussée extrêmement puissante de *Chaetoceras curvisetum*, qui envahit l'étang au point d'éclipser complètement les autres espèces, dont la proportion relative devient négligeable (*monotones plankton*) ; en 1904, la même espèce fait presque totalement défaut.

IV. — Stolterfothii-chinensis sub-formatio

Rhizosolenia Stolterfothii. — Hemiaulus chinensis

Août-septembre. — Températures extrêmes + 28°, + 18°

Prorocentrum micans	p	*Rhizosolenia imbricata*	c
Ceratium tripos	rr	— *fragilissima*	c
— *gracile*	rr	*Bacteriastrum varians*	rr
— *furca*	c	*Chaetoceras densum var. solitaria*	r
— *lineatum*	rr	— *peruvianum*	r
— *fusus*	c	— *curvisetum*	r
Goniodoma acuminatum	p	— *delicatulum*	p
Peridinium divergens	c	— *laciniosum*	p
— *Steinii*	p	— *Lorenzianum*	p
— *pellucidum*	p	— *Schuettii*	p
— *globulus*	r	— *simplex*	c
Skeletonema costatum	rr	— *Weisflogii*	c
Coscinodiscus excentricus	r	*Cerataulina Bergonii*	r
Asteromphalus flabellatus	r	*Hemiaulus chinensis*	cc
Leptocylindrus danicus	p	*Thalassiothrix Frauenfeldii*	c
Guinardia flaccida	p	*Striatella unipunctata*	p
— *Blavyana*	p	*Asterionella japonica*	rr
Rhizosolenia Stolterfothii	cc	*Nitzschia seriata*	c
— *calcar avis*	r		

Ce Plankton estival est remarquable par sa constance, son abondance et la prépondérance des Diatomées, dont aucune espèce ne devient cependant dominante au point d'éclipser toutes les autres, comme dans la phase précédente et dans la suivante.

V. — Curviseto-imbricata sub-formatio

Chaetoceras curvisetum. — Rhizosolenia imbricata

Courte période pendant laquelle la flore pélagique présente un mélange de formes de la phase précédente et de la suivante, mais qui mérite cependant d'être mise à part, en raison de la prépondérance énorme acquise par *Chaetoceras curvisetum* ; le Plankton prend ainsi encore une fois l'aspect d'un « *monotones-Plankton* », malgré la présence de nombreux Péridiniens, *Gymnodinium*, *Spirodinium*, *Pouchetia*, *Polykrikos*, *Peridinium*, *Ceratium*, etc.

VI. — Halosphaera-tripos sub-formatio

Halosphaera viridis — Ceratium tripos

De novembre à fin janvier. — Températures extrêmes + 14°, + 4°

Richelia intracellularis	rr	*Ceratium platycorne*	rr
Prorocentrum micans	p	— *candelabrum*	r
Pyrocystis pseudonoctiluca	rr	— *furca*	p
— *lunula*	rr	— *lineatum*	p
Ceratium tripos	p	— *fusus*	p
— *arcuatum*	r	— *extensum*	rr
— *gracile*	r	*Gonyaulax polyedra*	r
— *symmetricum*	r	— *polygramma*	rr
— *coarctatum*	r	— *spinifera*	r
— *heterocamptum*	rr	*Goniodoma acuminatum*	r
— *curvicorne*	r	— *armatum*	rr
— *azoricum*	rr	*Diplopsalis lenticula*	r
— *limulus*	rr	*Peridinium divergens*	p
— *macroceros*	r	*Peridinium Steinii*	r
— *intermedium*	r	— *globulus*	r
— *contrarium*	r	*Podolampas bipes*	rr
— *volans*	rr	— *palmipes*	rr
— *vultur*	rr	— *elegans*	rr
— *reticulatum*	r	*Oxytoxum reticulatum*	rr

Oxytoxum tesselatum . . . . rr
Ceratocorys horrida . . . . rr
Phalacroma doryphorum . . . rr
— *Jourdani* . . . . . rr
— *mitra* . . . . . . rr
— *operculatum* . . . . rr
— *porodictyum* . . . . rr
— *vastum var. acuta* . . rr
Dinophysis homunculus . . . rr
— *acuminata* . . . . . r
— *ovum* . . . . . . rr
Histioneis magnifica . . . . rr
Dictyocha staurodon . . . . rr
Coscinodiscus radiatus . . . r
Asterolampra marylandica . . . rr
— *Grevillei* . . . . . rr
Actinocyclus subtilis . . . . p
Leptocylindrus danicus . . . p
Guinardia flaccida . . . . . p
— *Blavyana* . . . . . p
Rhizosolenia alata . . . . . rr
— *amputata* . . . . . rr
— *calcar avis* . . . . p
— *imbricata* . . . . . p
— *setigera* . . . . . rr
— *Stolterfothii* . . . p

Rhizosolenia Temperei var. acumin. rr
Bacteriastrum varians . . . . rr
— *elongatum* . . . . rr
Chaetoceras densum var. solitaria r
— *peruvianum* . . . . . r
— *tetrastichon* . . . . r
— *curvisetum* . . . . . p
— *decipiens* . . . . . p
— *diversum* . . . . . p
— *contortum* . . . . . rr
— *furca* . . . . . . rr
— *Lorenzianum* . . . . r
— *Schuettii* . . . . . r
— *tortissimum* . . . . r
— *Weisflogii* . . . . . r
Biddulphia mobilensis . . . . r
Cerataulina Bergonii . . . . p
Hemiaulus Hauckii . . . . . p
— *chinensis* . . . . . r
Striatella unipunctata . . . . p
Thalassiothrix Frauenfeldii . . . c
— *nitzschioides* . . . r
Asterionella japonica . . . . p
Auricula insecta . . . . . . p
Nitzschia seriata . . . . . . r
Halosphaera viridis . . . . . r

Cette période, relativement longue, apparait au début comme la simple continuation de la précédente, limitée par la disparition brusque, presque totale de l'espèce dominante *Chaetoceras curvisetum*. Une autre espèce, *Rhizosolenia imbricata*, déjà très abondante en octobre, devient dominante pendant la première quinzaine de novembre, pour disparaître ensuite presque entièrement.

L'étang se trouve alors presque dépeuplé, et cependant cette période nous fournit la liste spécifique de beaucoup la plus nombreuse ; nous en avons indiqué antérieurement les motifs les plus vraisemblables. A cette époque en effet l'étang reçoit la visite d'hôtes passagers, plus ou moins accidentels, d'origine méditerranéenne, sans doute parce que l'égalisation des températures dans la Méditerranée leur a permis l'accès des couches superficielles.

Mais ici nous sommes en plein inconnu.

Les variations quantitatives et qualitatives du Phytoplankton de l'étang de Thau dépendent certainement de deux sortes de causes : les unes intrinsèques, déterminées par l'étang lui-même, dans ses caractères géographiques, physiographiques et économiques ; les autres extrinsèques, subordonnées aux exigences spéciales de la vie pélagique et aux conditions générales du bassin méditerranéen. Les unes et les autres commencent à peine à être entrevues ; l'extrême pauvreté de nos connaissances nous oblige à demeurer dans l'expectative, et à nous approprier, en guise de conclusion, l'opinion formulée par Joergensen dans un ouvrage très récent [**73**, 1905].

« Comme c'est le cas pour la majorité des phénomènes biologiques, l'évolution et les changements dans le Plankton sont d'un caractère tellement complexe, qu'ils nécessitent la connaissance d'un grand nombre de facteurs dont les effets se combinent, et avec lesquels nous sommes à peine partiellement familiarisés ; de la sorte, l'acquisition d'une conception plus claire et d'une meilleure connaissance des phénomènes nombreux et remarquables offerts par notre plankton littoral seul, réclame une somme de travail encore suffisante pour bien des années ».

INDEX SPÉCIAL

DES ABRÉVIATIONS EMPLOYÉES DANS LE CATALOGUE SYSTÉMATIQUE

(Les nombres renvoient à l'Index bibliographique.)

INDEX BIBLIOGRAPHIQUE

Amberg, O. — Beitraege zur Biologie des Katzensees. Zürich, 1900.

2 **Apstein, C.** — Das Plankton des Suesswassers und seine quantitative Bestimmung ; I. Apparate (*Schriften d. naturw. Ver. f. Schleswig-Holstein*, IX, 1892).

3 — Das Suesswasserplankton. Kiel und Leipzig, 1896.

4 **Bachmann, H.** — Die Planktonfaenge mittels der Pumpe (*Biol. Centrbl.*, XX, 1900).

5 **Bergh, R.-S.** — Der Organismus des Cilioflagellaten (*Morph. Jahrb.*, VII, 1882).

6 **Bergon, P.** — Etude sur la Flore diatomique du bassin d'Arcachon et des parages de l'Atlantique voisins de cette station (*Soc. Sc. Arcachon ; Travaux d. Laborat.*, VI, 1902).

7 — Note sur un mode de sporulation observé chez le *Biddulphia mobilensis* Bailey (Ibid., 1902).

8 — Nouvelles recherches sur un mode de sporulation, etc. (Ibid., VII, 1903).

9 **Blanc, L.** — Projet de cartographie botanique (*Bull. Herb. Boissier*, 2e série, II, 1902).

10 — Questions techniques de cartographie (*Bull. Soc. bot. France*, 4e sér., V, 1905).

11 **Bonnet, Em.** — Recherches historiques sur l'île de Cette. Montpellier, 1894.

12 **Brandt, K.** — Die Kolonienbildenden Radiolarien (Sphaerozoën) des Golfes von Neapel (*Fauna u. Flora d. Golfes v. Neapel*, XIII, 1885).

13 — Ueber den Stoffwechsel im Meere (*Wissensch. Meeresunters.*, N. F., IV, Kiel, 1899).

14 — Ueber den Stoffwechsel im Meere, 2e Abhandlung (Ibid., VI, Kiel, 1902).

15 **Brightwell, T.** — On the filamentous longhorned Diatomaceae (*Quart. Journ. micr. Sc.*, IV, 1856).

16 — Remarks on the genus *Rhizosolenia* of Ehrenberg (Ibid., VI, 1858).

17 Carte de l'étang de Thau, nº 10.059. Service hydrographique de la Marine, 1895-1903.

18 Carte géologique de France au 1/80.000ᵉ. Feuilles nᵒˢ 233 et 235 (1898-1902).

19 **Castracane, Fr.** — Contribuzione alla florula delle Diatomee del Mediterraneo, etc. (*Atti dell'Acad. Pont. de Nuov. Linc.*, XXVIII, Roma, 1875).

20 — Report on the Diatomaceae collected by H. M. S. Challenger (*Report of Chall. Exp.*, Botany, II, 1886).

21 **Claparède, E.** et **Lachmann, J.** — Etudes sur les Infusoires et les Rhizopodes (*Mém. de l'Inst. nat. genevois*, 1859).

22 **Cleve, P.-T.** — Examination of Diatoms found on the surface of the sea of Java (*Bihang till Svenska Vet. Akad. Handlingar*, I, 1873).

23 — On Diatoms from the Arctic sea (Ibid., 1873).

24 — On some new and little known Diatoms (*Kongl. Svenska Vet. Akad. Handl.*, XVIII, 1881).

25 — Diatoms collected during the Expedition of the Vega (*Vega-Expeditionens Vetenskapliga Jakttagelser*, III, Stockholm, 1883).

26 — Plankton Undersökningar : Cilioflagellater och Diatomaceer (*Bihang till Svenska Vet. Akad. Handlingar*, XX, Afd. III, 1894).

27 — Plankton Undersökningar : Vegetabiliskt Plankton (Ibid., XXII, Afd. III, 1896).

28 — Report on the Phytoplankton collected on the Expedition of H. M. S. Research, 1896 (*Fifteenth annual Report of the Fishery Board of Scotland*, 1897).

29 — Karaktäristik af Atlantiska oceanens watten paa grund af dess mikroorganismer (*Oefversigt af K. Svenska Vet. Akad. Förhandl.*, 1897).

30 — A Treatise of the Phytoplankton of the Atlantic and its tributaries. Upsala, 1897.

31 — Plankton collected by the swedish expedition to Spitzbergen in 1898 (*Kongl. Svenska Vet. Akad. Handlingar*, XXXII, 1899).

32 — Plankton researches in 1897 (Ibid., 1899).

33 — On the seasonal distribution of some Atlantic Plankton organisms (*Oefversigt af Kongl. Svenska Vet. Akad. Förhandl.*, 1899).

34 — On the origin of Gulfstream water (Ibid., 1899).

35 — The Plankton of the North sea, the English Channel and the Skagerak in 1898 (*Kongl. Svenska Vet. Akad. Handl.*, XXXII, 1900).

36 — Notes on some Atlantic Plankton organisms (Ibid., XXXIV, 1900).

37 — The seasonal distribution of Atlantic Plankton organisms. Göteborg, 1900.

38 — The Plankton of the North sea, the English Channel and the Skagerak in 1899 (*Kongl. Svenska Vet. Akad. Handl.*, XXXIV 1900).

39 — Plankton from the Indian Ocean and the Malay Archipelago (Ibid., XXXV, 1901).

40 **Cleve, P.-T.** — Additional notes on the seasonal distribution of Atlantic Plankton organisms. Göteborg, 1902.

41 — Plankton researches in 1901 and 1902 (*Kongl. Svenska Vet. Akad. Handl.*, XXXVI, 1903).

42 — Report on Plankton collected by Mr Thorild Wulf during a voyage to and from Bombay (*Arkiv för zoologi*, I, Stockholm, 1903).

43 **Cleve, P.-T.**, **Ekmann, G.**, et **Pettersson, O.** — Les variations annuelles de l'eau de surface dans l'Océan Atlantique. Göteborg, 1901.

44 **Cleve, P.-T.**, und **Grunow, A.** — Beitraege zur Kenntniss der arctischen Diatomeen (*Kongl. Sv. Vet. Akad. Handl.*, XVII, 1888).

45 **Cleve, P.-T.**, und **Mereschkowski**. — Notes on some recent publications concerning Diatoms (*Ann. a. Mag. nat. Hist.*, X, London, 1902).

46 **Cori, J.-C.**, und **Steuer, A.** — Beobachtungen ueber das Plankton des Triester Golfes in den Jahren 1899 und 1900. (*Zool. Anzeiger*, XXIV, 1901).

47 **Daday, Eug.** — Monographie der Familie der Tintinnodeen (*Mitheil. aus d. z. Station z. Neapel*, VII, 1887).

48 — Systematische Uebersicht der Dinoflagellaten des Golfes von Neapel (*Termesz. Füzetek*, XI, Budapest, 1888).

49 **De Toni, J.-B.** — Sylloge algarum, II, Patavii, 1891.

50 **Dujardin.** — Histoire naturelle des Zoophytes Infusoires. Paris, 1841.

51 **Flahault, Ch.** — La distribution géographique des végétaux dans un coin du Languedoc (départ. de l'Hérault), Montpellier, 1893.

52 — Projet de nomenclature phytogéographique (Comptes rendus du Congrès intern. de Botanique de 1900, Paris).

53 — Premier essai de nomenclature phytogéographique (*Bull. Soc. langued. Géogr.*, XXIV, 1901).

54 **Forel, F.-A.** — Handbuch der Seenkunde, Stuttgart, 1901.

55 **Fuhrmann, O.** — Zur Kritik der Planktontechnik (*Biol. Centrbl.*, XIX, 1899).

56 **Garrigou.** — Composition comparée de l'eau de l'Océan et de l'eau de la Méditerranée (*Compt. rend. du 3e Congrès intern. de Thalassothérapie*, Biarritz, 1903).

57 **Gourret, P.** — Sur les Péridiniens du golfe de Marseille (*Ann. Musée Hist. nat. Marseille. Zool.*, I, 1883).

58 — Les étangs saumâtres du Midi de la France et leurs pêcheries (Ibid., V, 1897).

59 **Gran, H.-H.** — Protophyta : Diatomaceae, Silicoflagellata og Cilioflagellata in Den norske Nordhavs-Expedition, 1876-78. Kristiania, 1897.

60 — Bacillariaceen des Karajakfjords (*Botan. Ergebn. des Grönland-expedition*, 1897).

61 — Hydrographic-biological Studies of the North atlantic Ocean and the coast of Nordland (*Report Norw. Fishery and marine investigations*, I, Kristiania, 1900).

62 **Gran, H. H.** — Bemerkungen über einige Planktondiatomeen (*Nyt. Mag. f. Naturvid.*, XXXVIII, Kristiania, 1900).

63 — Das Plankton des norwegischen Nordmeeres (*Report Norw. Fishery and marine investigations*, II, Bergen, 1902).

64 — Die Diatomeen der arktischen Meere. I. Th. : Die Diatomeen des Planktons in **Römer-Schaudinn**. Fauna arctica. Jena, 1904.

65 **Haeckel, E.** — Plankton Studien, Jena, 1890.

66 **Hardy, M.** — La géographie et la végétation du Languedoc (*Bull. Soc. langued. Géogr.*, XXVI, 1903).

67 **Hautreux, A.** — La côte des Landes de Gascogne (*La Géographie*, II, 1900).

68 **Hensen, V.** — Ueber die Bestimmung des Planktons (*Fünfter Bericht Komm. wiss. Unters. deutsch. Meere in Kiel*, Berlin, 1887).

69 — Die Expedition der Sektion für Küsten und Hochsee Fischerei in der östlichen Ostsee (*Sechster Bericht Komm. wiss. Unters. deutsch. Meere in Kiel*, Berlin, 1890).

70 — Methodik der Untersuchungen bei der Plankton-Expedition. Kiel und Leipzig, 1895.

71 **Jörgensen, E.** — Protophyten und Protozoën im Plankton aus der norwegischen Westküste (*Bergens Museum Aarbog*, nº 6, 1899).

72 — Protistenplankton aus den Nordmeere in den Jahren 1897-1900 (*Bergens Museum Aarbog*, nº 6, 1900).

73 — The Protistplankton and the Diatoms in bottom samples (*Nordgaard Hydrogr. and biolog. investigation in Norwegian fjords*, Bergens Museum, 1905).

74 **Karsten, G.** — Die sogenannten « Mikrosporen » der Planktondiatomeen (*Berichte d. deutsche bot. Gesells.*, XXII, 1904).

75 **Knudsen, Mart.** — Hydrographische Tabellen. Kopenhagen, 1901.

76 **Knudsen, M., Forch** und **Sörensen.** — Bericht über die chemische und physikalische Untersuchung des Seewassers (*Wiss. Meeresunters.*, N. F., VI, Kiel, 1902).

77 **Knudsen, M.,** og **Ostenfeld.** — Jagttagelser over Overfladevandets Temperatur, Saltholdighed og Plankton paa islandiske og grönlandiske Skibsrouter i 1898. Kjöbenhavn, 1899.

78 — Jaggtagelser... i 1899. Kjöbenhavn, 1900.

79 **Kofoid, C.-A.** — Plankton studies. I. Methods and Apparatus (*Bull. Illinois state Labor.*, V, Urbana, 1897).

80 — The Plankton of the Illinois-river, 1894-1899. Part I (Ibid., VI, 1903).

81 **Lauder, H.-S.** — On new Diatoms Family Chaetoceras : genus *Bacteriastrum* (*Trans. micr. Soc. London*, XII, 1864).

82 — Remarks on the marine Diatomaceae found at Hongkong, etc. (Ibid., XII, 1864).

83 **Lemmermann, E.** — Planktonalgen. Ergebnisse einer Reise nach den Pacific (H. Schauinsland, 1896-97) (*Abhandl. nat. Ver. Bremen*, XVI, 1899).

84 **Lemmermann, E.** — Beitraege zur Kenntniss der Planktonalgen XI. Die Gattung *Dinobryon* Ehrenberg (*Ber. d. deutsch. bot. Ges.*, XVIII, 1900).

85 — Silicoflagellatae. Ergebnisse einer Reise nach dem Pacific (H. Schauinsland, 1896-97) (Ibid., XIX, 1901).

86 — Das Phytoplankton des Meeres. II^er Beitrag (*Abhandl. naturw. Ver. Bremen*, XVII, 1902).

87 — Nordisches Plankton XXI. Flagellatae, Chlorophyceae, Coccosphaerales und Silicoflagellatae. Kiel und Leipzig, 1903.

88 — Das Plankton schwedischer Gewaesser (*Arkiv för Botanik*, II, Stockholm, 1904).

89 **Levander, K.-M.** — Materialen zur Kenntniss der Wasserfauna in der Umgebung von Helsingfors (*Acta Soc. pro Fauna et Flora fennica*, XII, 1894).

90 **Lohmann, H.** — Neue Untersuchungen über den Reichthum des Meeres an Plankton (*Wiss. Meeresunters.*, N. F., VII, Kiel und Leipzig, 1903).

91 **Lozeron, H.** — La répartition verticale du Plankton dans le lac de Zurich. Zurich, 1902.

92 **Magnin, Ant.** — La végétation des lacs du Jura. Paris, 1904.

93 **Malard, A.-E.** — Variations mensuelles de la flore et de la faune maritime de la baie de la Hougue (nov.-déc.) (*Bull. du Muséum*, Paris, 1902).

94 **Malavialle, L.** — Coup d'œil sur l'histoire de la ville et du port de Cette (*Bull. Soc. langued. Géogr.*, XVI, 1893).

95 — Le littoral du Bas-Languedoc (Ibid., XVII, 1894).

96 **Möbius, K.** — Systematische Darstellung der Thiere des Plankton (*Fünfter Bericht Komm. wiss. Unters. deutsch. Meere in Kiel*, Berlin, 1887).

97 **Murray, G.** — On the reproduction of some marine Diatoms (*Proceed. roy. Soc. Edinburgh*, XXI, 1896).

98 **Murray, G.**, and **Whitting, Fr.** — New Peridiniaceae from the Atlantic (*Transact. Linn. Soc. London*, 2. ser. Bot., V, 1899).

99 **Ostenfeld, C.-H.** — Phytoplankton fra det Kaspiske Hav (Caspian sea) (*Vidensk. Meddel. nat. For.*, Copenhagen, 1901).

100 — Marine Plankton-Diatoms in **Schmidt**, Flora of Koh Chang (*Botan. Tidsskrift*, XXV, Copenhagen, 1902).

101 — Phytoplankton from the sea around the Faeröes, in **Warming**, Botany of the Faeröes. Part II. Copenhagen, 1903.

102 **Ostenfeld, C.-H.**, og **Schmidt, Johns.** — Plankton fra det Roede Hav og Aden bugten (Red sea and Gulf of Aden) (*Vidensk. Meddel. fr. naturh. Forening*, Copenhagen, 1901).

103 **Ostwald, W.** — Zur Theorie des Planktons (*Biol. Centrbl.*, XXII, 1902).

104 — Theoretische Planktonstudien (*Zool. Jahrb. Abth. f. System*, XVIII, 1903).

105 **Pavillard, J.** — Sur les auxospores de deux Diatomées pélagiques (*C. R. Acad. Sc. Paris*, CXXXIX, octobre 1904).

106 **Péragallo, H.** — Diatomées du Midi de la France (*Bull. Soc. Hist. nat. Toulouse*, 1884).

107 — Diatomées de la baie de Villefranche. Paris, 1888.

108 — Monographie du genre *Rhizosolenia* et de quelques genres voisins (*Le Diatomiste*, 1892).

109 **Péragallo, H.**, et **Péragallo, M.** — Les Diatomées marines de France. Paris, 1897 (En publication).

110 **Pouchet, G.** — Contribution à l'Histoire des Cilioflagellés (*Journal Anat. Physiol.*, XIX, Paris, 1883).

111 — Nouvelle contribution à l'Histoire des Péridiniens marins (Ibid., XXI, 1885).

112 — Troisième contribution, etc. (Ibid., 1885).

113 — Quatrième contribution, etc. (Ibid., XXIII, 1887).

114 — Cinquième contribution, etc. (Ibid., XXVIII, 1892).

115 **Rafter, G.** — Biological examination of potable water (*Proceed. Rochester Acad. Sc.*, I, 1894).

116 **Reighard.** — A biological examination of lake St Clair (*Bull. Michigan fish. commiss.*, nº 4, Lansing, 1894).

117 **Schmidt, Ad.** — Atlas der Diatomaceenkunde. Aschersleben 1874 (En publication).

118 **Schmidt, Johs.** — Peridiniales in Flora of Koh Chang, Part IV (*Botan. Tidsskrift*, XXIV, 1901).

119 — Ueber *Richelia intracellularis*, eine neue in Planktondiatomeen lebende Alge (*Hedwigia*, XL, 1901).

120 **Schmitz, F.** — Halosphaera eine neue Gattung... (*Mitth. aus d. z. Station zu Neapel*, I, 1879).

121 **Schroeder, Br.** — Das Phytoplankton des Golfes von Neapel... (Ibid., XIV, 1901).

122 **Schroeter, C.** — Die Schwebeflora unserer Seen. Zürich, 1896.

123 **Schroeter, C.**, und **Kirchner, O.** — Die Vegetation des Bodensees; Zweiter Theil. Lindau, 1902.

124 **Schuett, Fr.** — Auxosporenbildung von *Rhizosolenia alata* (*Ber. d. deutsch. bot. Gesells.*, IV, 1886).

125 — Ueber die Diatomeengattung *Chaetoceras* (*Bot. Zeitg.*, 1888).

126 — Analytische Plankton-Studien. Kiel und Leipzig, 1892.

127 — Das Pflanzenleben der Hochsee. Kiel und Leipzig, 1893.

128 — Wechselbeziehungen zwischen Morphologie, Biologie, Entwickelungsgeschichte und Systematik der Diatomeen (*Ber. d. deutsch. bot. Gesells.*, XI, 1893).

129 — Arten von *Chaetoceras* und *Peragallia* (Ibid., XIII, 1895).

130 — Die Peridineen der Plankton-Expedition. I. Theil (*Ergebnisse der Plankton-Expedition*, Kiel und Leipzig, 1895).

131 — Peridiniales und Bacillariales in Engler-Prantl, Pflanzenfamilien, I. Leipzig, 1896.

132 **Schütt, Fr.** — Centrifugales Dickenwachsthum der Membran und extramembranöses Plasma (*Jahrb. f. wiss. Bot.*, XXXIII, 1899).

133 — Centrifugale und simultane Membranverdickungen (Ibid., XXXV, Leipzig, 1900).

134 **Stein, F. von.** — Der Organismus der Infusionsthiere. III. Abth. 2e Haelfte. Die Naturgeschichte der arthrodelen Flagellaten. Leipzig, 1883.

135 **Thoulet, J.** — Océanographie (Statique). Paris, 1890.

136 — L'Océan, ses lois, ses problemes. Paris, 1904.

137 **Van Heurck.** — Synopsis des Diatomées de Belgique. Anvers, 1880-84.

138 **Vanhöffen, E.** — Das genus *Ceratium* (*Zool. Anzeig.*, XIX, 1896).

139 — Grönländische Peridineen und Dinobryeen (*Botan. Ergebn. der Grönlandexpedition*, 1897).

140 **Volk, R.** — Hamburgische Elb-Untersuchung; I. Allgemeines ueber die biologischen Verhaeltnisse, etc. (*Mittheil. aus d. naturhist. Museum*, XIX, Hamburg, 1903).

141 **Waldvogel, T.** — Das Lautikerried und der Lützelsee. Zürich, 1900.

142 **Wandel, C.-T.**, og **Ostenfeld, C.** — Jagttagelser over Overfladevandets Temperatur, Saltholdighed og Plankton paa islandiske og groenlandiske Skibsrouter i 1897. Kjöbenhavn, 1898.

143 **Wesenberg-Lund, C.** — Studier over de danske söers Plankton. Specielle del. Kjöbenhavn, 1904.

144 **Whipple, G.-C.** — Some observations of the temperature of surface waters, etc. (*Journ. of the New-England waterworks Assoc.*, IX, 1895).

EXPLICATION DES PLANCHES

PLANCHE I

Fig. 1. *Ceratium volans* Cleve . . . . × 200
Fig. 2. — *vultur* Cleve . . . . × 100
Fig. 3. — *arcuatum* Cleve . . . . × 200
Fig. 4. — *symmetricum* Pavillard. . . . . . . × 200
Fig. 5. — *tripos* Nitzsch. . . . . × 335
Fig. 6. — *coarctatum* Pavillard . . . . × 200
Fig. 7. — *tripos* Nitzsch. . . . . × 200
Fig. 8 et 9. *Dinobryon mediterraneum* Pavillard. . . × 600

PLANCHE II

Fig. 1. *Ceratium contrarium* Pavillard . . . . . . × 200
Fig. 2. Formation de l'auxospore dans *Hemiaulus chinensis* Greville. . . . . × 465
Fig. 3. *Richelia intracellularis* Schmidt dans *Rhizosolenia setigera* . . . . × 465
Fig. 4. Formation des endocystes dans *Chaetoceras laciniosum* Schuett . . . . × 600
Fig. 5. *Chaetoceras delicatulum* Ostenfeld . . . . . × 600
Fig. 6 et 7. *Chaetoceras simplex* Ostenfeld. . . . . × 600
Fig. 8. Auxospore mure de *Hemiaulus chinensis* Greville. × 465
Fig. 9, 10 et 11. Phases successives de la formation de l'auxospore dans *Rhizosolenia Stolterfothii* Péragallo. . . . . × 335

PLANCHE III

Fig. 1. *Erythropsis agilis* R. Hertwig . . . . $\times$ 900
Fig 2 et 3. *Xanthidium coronatum* Pavillard (profil et face interne. . . . . $\times$ 700
Fig. 4. *Pouchetia rosea* Schuett . . . . $\times$ 700
Fig 5. *Gymnodinium bicaudatum* Pavillard. . . . . . $\times$ 600
Fig. 6. Auxospore jeune de *Hemiaulus chinensis* montrant le noyau et les chromatophores . . . . $\times$ 700
Fig. 7, 8 et 9. *Peridinium minusculum* Pavillard . . . $\times$ 700
Fig. 10. *Dinophysis acuminata form. reniformis* . . . $\times$ 700
Fig. 11. Auxospore mure de *Biddulphia mobilensis* . . $\times$ 300

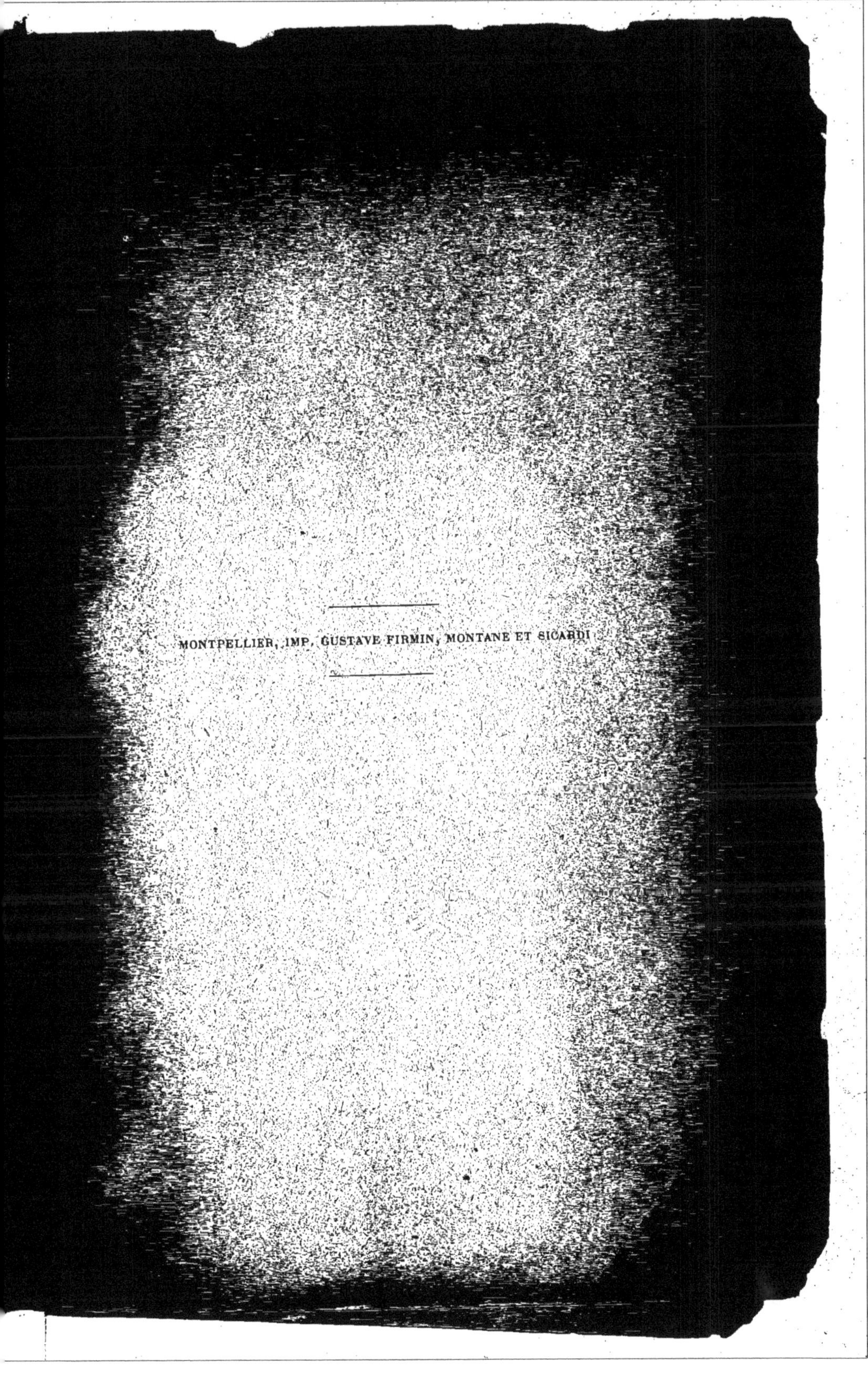

MONTPELLIER, IMP. GUSTAVE FIRMIN, MONTANE ET SICARDI

www.ingramcontent.com/pod-product-compliance
Ingram Content Group UK Ltd.
Pitfield, Milton Keynes, MK11 3LW, UK
UKHW021104220726
13924UKWH00004B/1508

9 782019 226220